新一代信息软件技术丛书
成都中慧科技有限公司校企合作系列教材

刘斌 王军◉主 编
管文强 丁洁 弋才学◉副主编

微信小程序开发

Wechat Applet Development

人民邮电出版社
北京

图书在版编目（CIP）数据

微信小程序开发 / 刘斌，王军主编. -- 北京 : 人民邮电出版社，2022.10
（新一代信息软件技术丛书）
ISBN 978-7-115-59555-3

Ⅰ. ①微… Ⅱ. ①刘… ②王… Ⅲ. ①移动终端一应用程序一程序设计 Ⅳ. ①TN929.53

中国版本图书馆CIP数据核字(2022)第110064号

内容提要

本书较为全面地介绍了目前微信小程序开发中涉及的基础知识和核心技术，并通过大量案例介绍了微信小程序开发的步骤和核心技术点，让读者能够快速上手开发小程序。本书侧重于实际应用，案例和实训项目的实用性和可操作性较强。

本书可作为高等院校计算机相关专业的教材，也可作为具有一定前端开发经验并想从事微信小程序开发相关工作的程序员的参考书。

◆ 主　　编　刘　斌　王　军
　副 主 编　管文强　丁　洁　弋才学
　责任编辑　王海月
　责任印制　马振武
◆ 人民邮电出版社出版发行　　北京市丰台区成寿寺路 11 号
　邮编　100164　　电子邮件　315@ptpress.com.cn
　网址　https://www.ptpress.com.cn
　北京隆昌伟业印刷有限公司印刷
◆ 开本：787×1092　1/16
　印张：16　　　　2022 年 10 月第 1 版
　字数：393 千字　　　　2022 年 10 月北京第 1 次印刷

定价：59.80 元

读者服务热线：(010)81055493　印装质量热线：(010)81055316
反盗版热线：(010)81055315
广告经营许可证：京东市监广登字 20170147 号

编辑委员会

主　编：刘　斌　王　军

副主编：管文强　丁　洁　弋才学

编写组成员：唐小燕　徐美芳　李　娜　朱　晟　侯仕平　唐吉辉

前言 FOREWORD

微信小程序（简称小程序）是一种无须下载安装即可使用的手机应用。用户只需要通过微信扫描小程序二维码，或在微信“搜索”功能中点击“小程序”，就能立即使用。

小程序的开发难度并不大，微信官方提供了大量的文档资料供开发者使用。对于非初学者来说，这些官方文档可以作为参考手册使用，但对于项目经验欠缺的开发者来说，仅仅使用这些资料是不够的。开发者需要通过实际案例学习解决方案、积累开发经验。本书共分 10 章，每章都由实际开发经验丰富的企业工程师提供案例，这些案例从简单的“Hello world！”小程序到原生组件使用，从基本的小程序架构到云开发小程序，涵盖了开发小程序的基本步骤与知识点。这些案例一方面能激发读者的学习兴趣，另一方面扩展了读者的视野。

本书每章涵盖内容导学、学习目标、储备知识、实际案例、小结、课后习题。通过对储备知识的学习，读者能够掌握解决实际案例问题所需的知识。通过对实际案例进行任务分解，并完成各个子任务的设计，读者最终可以实现本章的学习目标。

本书读者对象如下。

（1）对微信小程序开发有兴趣，具有一定 HTML、CSS、JavaScript 开发经验的人员。

（2）高等院校计算机相关专业的学生。

（3）具有 App 开发经验，但缺乏微信小程序实际开发经验的开发人员。

本书配备了丰富的教学资源，包括教学 PPT、源代码、习题答案，读者可通过访问链接 https://exl.ptpress.cn:8442/ex/l/fe1d83c0 或扫描下方二维码免费获取相关资源。

由于编者水平有限，书中难免存在错误和疏漏之处，敬请读者批评指正。

编者

目录 CONTENTS

第1章

第2章

第 3 章

第4章

第5章

第 6 章

第 7 章

第 8 章

第 9 章

第10章

第1章 初识微信小程序

01

▶ 内容导学

微信小程序是近几年出现的一种基于微信公众平台的手机应用。本章主要介绍微信小程序的基本概念，同时对开发微信小程序所需要的技术进行简要的叙述和分析。从注册微信公众账号到下载微信开发者工具，本章演示了如何搭建小程序的开发环境，并详细讲解了微信开发者工具的功能。本章最后通过一个 Hello WX 小程序案例，介绍如何创建空项目、分析小程序整体架构及配置文件的作用。读者可根据相应步骤，一步一步地创建属于自己的第一个微信小程序。

▶ 学习目标

① 了解什么是微信小程序。
② 了解开发微信小程序所需要的技术。
③ 掌握微信小程序开发环境搭建方法。
④ 掌握微信开发者工具的使用方法。
⑤ 掌握微信小程序项目的创建方法。
⑥ 掌握微信小程序开发的基本流程。

1.1 微信小程序开发

1.1.1 什么是微信小程序

微信小程序（简称“小程序”）是一种无须下载安装即可使用的手机应用，用户只需要通过微信扫描小程序二维码，或是使用微信中的“搜索”功能。与传统手机 App 不同的是，小程序无须下载安装，体现了“用完即走”的理念，用户不用再担心应用占据手机太多空间的问题，也无须担心 App 更新的问题。

打开一个小程序常用的方式是通过好友分享，如图 1-1 所示，用户点击后即可进入小程序。用户还可以在微信中通过搜索关键字找到需要的小程序。例如，点击微信界面上面的“搜索”按钮或者下拉微信界面，输入搜索关键字“苏宁商城”，可以找到相关的小程序，如图 1-2 所示。在搜索结果中选择相应的小程序图标即可进入小程序界面，如图 1-3 所示。

不同的小程序可以实现不同的功能。例如，购买电影票，餐厅排号、点菜，查询公交、股票、天气信息，收听电台，预订酒店，打车等，当然，作为微信的新产品，小程序只能在微信中使用。

图 1-1　好友分享小程序

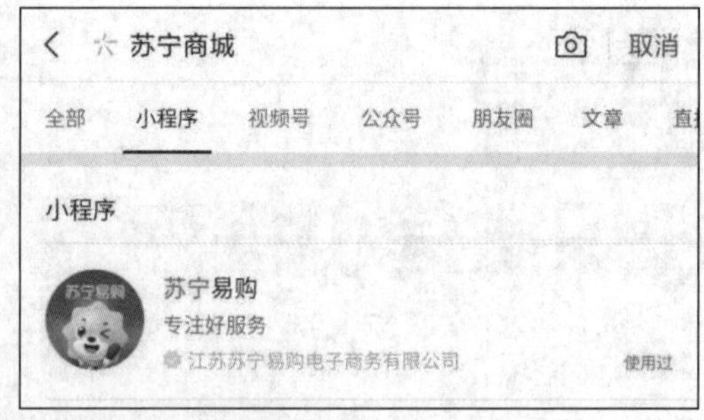

图 1-2　搜索小程序

图 1-3　电商微信小程序主界面

1.1.2　微信小程序的前景

从小程序开放的功能可以看出，其发展前景十分广阔，并且随着时间的流逝，我们相信微信小程序会开放更多功能，满足更多的需求。未来，小程序和微信将能够更好地结合，用户搜索小程序会更加方便。

（1）微信小程序将更加支持开发者，未来小程序将会提供更加快速、便捷的注册认证渠道，进一步提升第三方平台的能力。随着小程序开发者能够获得的权限的增加，未来微信小程序的发展空间也将越来越大。微信小程序通过对开发者的支持能够实现更多功能，在为企业、用户提供更佳的体验的基础上，还可以带来可观的流量和利润。

（2）随着微信官方开放的功能越来越多，小程序将更加完善，提供更多的接口，方便开发者进行深度挖掘、开发。另外，随着小程序的功能接口不断开放，未来小程序将具备更多的功能，企业能实现的功能也随之增加。此外，开放配套服务的完善对小程序未来的发展有极大的推动作用。

（3）小程序的发展方向不仅仅是与微信更好地结合，更重要的是与各行各业联结。小程序的发展建立在微信的用户基础上，与微信更好地结合就可以实现更多的功能，成功吸引更多的用户。通过将小程序和各个行业进行联结，小程序的线上使用场景将更加丰富，体验效果也会更好。

小程序逐渐开放了更多新功能，微信官方表示：“小程序页面设置了转发按钮，使分享更流畅。同时开放了微信运动步数、背景音乐播放等更多基础能力，以及支持通过蓝色文字链接或图片链接跳转到小程序功能”。小程序丰富了人们的体验，并且开放了新的流量入口来方便用户进入，具体如下。

（1）经用户授权允许后，小程序可以获取用户最近 30 天的微信运动步数，为用户定制健康计划，打造更有趣味的运动玩法。

（2）开发者获取授权的体验进一步优化。开发者可以在使用定位等功能前，提前向用户申请授权，也可以针对用户未授权的功能，友好地引导用户授权。

（3）音乐播放能力大幅提升，用户离开小程序后也可以继续收听音乐。

（4）用户可以把喜欢的照片和视频便捷地保存到系统相册中。

（5）小程序中的地图支持更加丰富的覆盖物样式、动画和展示效果，支持绘制更美观的路线。

（6）小程序可以通过 iBeacon 方式找到周边的设备，实现“所到即所得”。

（7）用户可以快速地将姓名、电话号码等联系人信息保存到手机通讯录中，并且可以通过小程序交换名片。

（8）小程序可以调节手机屏幕亮度，为用户提供最佳的阅读和使用体验。

1.1.3 开发小程序需要的技术

从开发者的角度来讲，微信小程序不需要下载安装，是一个简单开发就能实现并运营的产品，对技术的要求并不是很高，只要会使用 HTML、JavaScript、CSS 就能轻松进入微信小程序前端开发行业，如果开发者还想开发小程序后端，可以选择使用 Node.js。

1. 微信小程序之 WXML（WeiXin Makeup Language）

有编程基础的开发者在接触 WXML 之后就会发现这个语言的编程理念和 HTML 是类似的。WXML 与 HTML 的区别只是一些标签的更换，比如<div>标签换成了<view>标签等。即使开发者对前端不是非常熟悉，也能很快入门微信小程序的开发。

2. 微信小程序之 WXSS（WeiXin Style Sheets）

WXSS 就是微信的 CSS。微信把网页编程里运用的 CSS 换成了自己的开发语言 WXSS，其实主要的实现方法也和网页的开发技术基本相同，即一些标签的简单替换，大部分内容和 CSS 基本一致，都是通过页面调用的方式实现的。微信小程序甚至比网页开发更简单、更方便，比如只要 index.wxml 和 index.wxss 这两个文件同时在一个目录内，就能像在网页上直接编写 CSS 一样，简单快捷。

3. 微信小程序之 JavaScript

如果开发者想开发一款微信小程序，首先要打好 JavaScript 基础，有了一定基础后，再学习微信小程序 JavaScript，那么在微信小程序开发上就没有什么问题了。微信小程序 JavaScript 与网页 JavaScript 的区别如下。

（1）网页 JavaScript：ECMAScript+DOM+BOM。

（2）微信小程序 JavaScript：ECMAScript+小程序框架+小程序 API。

4. 微信小程序之 JSON

JSON（JavaScript Object Notation，JS 对象简谱）是一种数据格式，并不是编程语言，在小程序中，JSON 文件扮演了静态配置的角色。开发者可以通过 JSON 文件控制上/下菜单栏、页面展示顺序。

1.2 搭建开发环境

1.2.1 个人开发者申请微信公众平台账号

如果开发者想开发小程序，就需要申请微信公众平台账号，具体申请步骤如下。

第一步：打开微信公众平台网站，点击“立即注册”按钮，如图 1-4 所示。

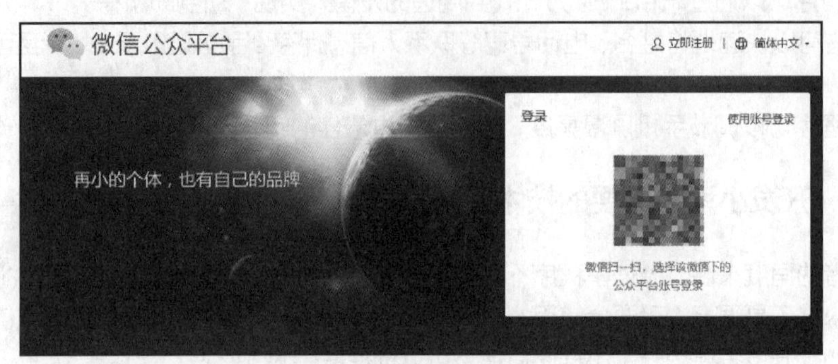

图 1-4 微信公众平台网站

第二步：选择注册账号类型为小程序，如图 1-5 所示。

第三步：填写个人信息，完成注册，如图 1-6 所示。

图 1-5 选择注册的账号类型

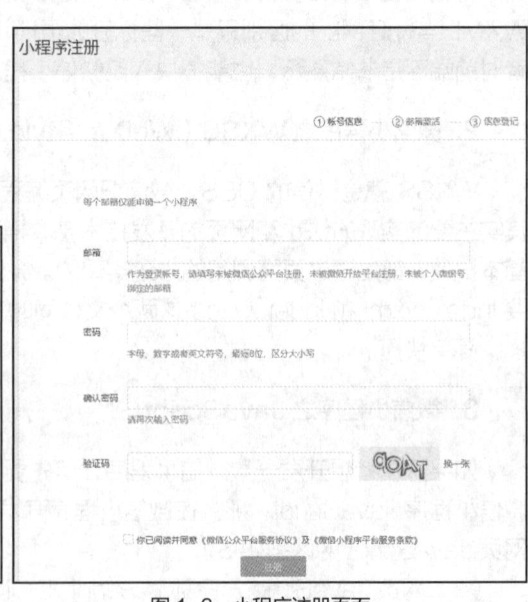

图 1-6 小程序注册页面

注册完成后，会提示开发者使用手机微信扫描二维码，扫描二维码后需要确认账号完成登录。登录后会跳转到小程序管理后台页面，如图 1-7 所示。现在微信公众平台也提供了小程序助手功能，开发者使用微信扫描页面右边的小程序助手二维码，即可使用手机对小程序进行管理，操作更加便捷。

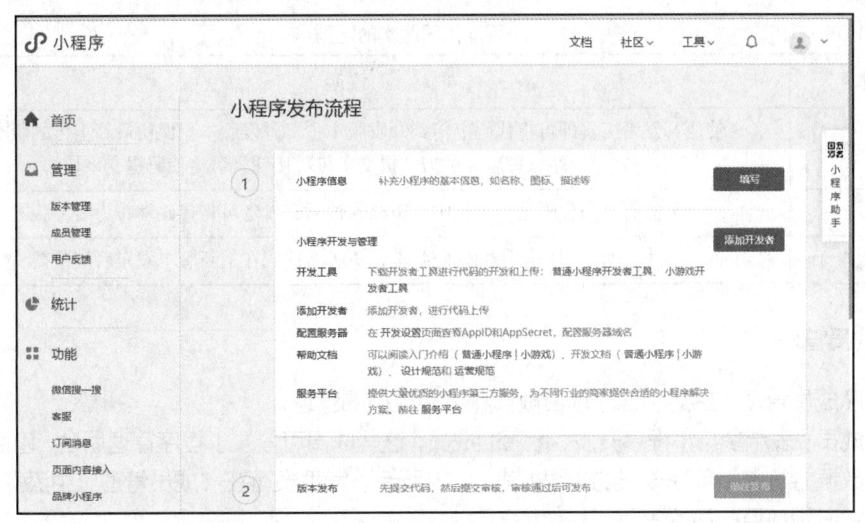

图 1-7　小程序管理后台页面

1.2.2　搭建开发环境

在小程序管理后台页面，选择“开发”→“开发工具”→“开发者工具”→“下载”可以进入微信开发者工具下载页面，如图 1-8 所示。

选择适合自己操作系统的版本后，即可单击并完成下载。下载完成后运行安装程序，打开“微信开发者工具”安装向导，如图 1-9 所示。

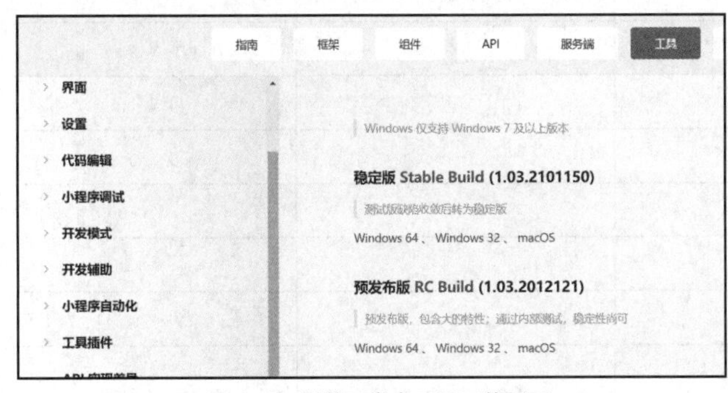

图 1-8　微信开发者工具下载页面

图 1-9　微信开发者工具安装界面

后面按照安装向导的提示即可开始安装。安装成功后，会在桌面创建快捷方式，双击快捷方式即可打开微信开发者工具。

1.2.3　配置程序

在小程序管理后台页面中选择管理模块可对小程序进行版本管理、成员管理、用户反馈等操作。

1. 版本管理

小程序分为开发版本、审核版本和线上版本。下面通过表 1-1 对不同版本之间的差异进行介绍。

表 1-1　　小程序不同版本的区别

版本	说明
开发版本	使用开发者工具即可将代码上传到开发版本中。开发版本只保留最新上传的版本。在小程序管理后台单击“提交审核”按钮，可将代码提交审核
审核版本	只能有一份代码处于审核中，审核通过后开发者可将代码发布为线上版本
线上版本	线上所有用户使用的代码版本，该版本代码在最新版本发布后被覆盖

2. 成员管理

小程序成员管理包括对小程序项目成员和体验成员的管理。

项目成员：表示参与小程序开发、运营的成员，这些成员可登录小程序管理后台，包括运营者、开发者及数据分析者。项目成员的权限如表 1-2 所示。管理员可在“成员管理”中添加、删除项目成员，并设置项目成员的角色。

体验成员：表示参与小程序内测体验的成员，这些成员可使用体验版小程序，但不属于项目成员。管理员及项目成员均可添加、删除体验成员。

对于个人开发者来说，目前支持的项目成员和体验成员上限为 15 人。

表 1-2　　项目成员的权限

权限/角色	运营者	开发者	数据分析者
开发者权限		√	
体验者权限	√	√	√
登录	√	√	√
数据分析			√
微信支付	√		
推广	√		
开发管理	√		
开发设置		√	
暂停服务设置	√		
解除关联公众号	√		
腾讯云管理		√	
小程序插件	√		
游戏运营管理	√		

具体权限说明如下。

（1）开发者权限：使用小程序开发者工具和开发版小程序进行开发。

（2）体验者权限：使用体验版小程序。

（3）登录：登录小程序管理后台，无须管理员确认。

（4）数据分析：使用小程序统计模块功能查看小程序数据。

（5）微信支付：使用小程序微信支付（虚拟支付）模块。

（6）推广：使用小程序流量主、广告主模块。

（7）开发管理：小程序提交审核、发布、回退。

（8）开发设置：设置小程序服务器域名、消息推送和用于扫描打开小程序的链接二维码。

（9）暂停服务设置：暂停小程序线上服务。

（10）解除关联公众号：解绑小程序已关联的公众号。

（11）小程序插件：进行小程序插件开发管理和设置。

（12）游戏运营管理：使用小游戏管理后台的素材管理、游戏圈管理等功能。

1.3 微信开发者工具

开发者第一次使用微信开发者工具时，客户端会提示开发者使用微信扫描二维码。扫描成功后进入初始页面，如图 1-10 所示。

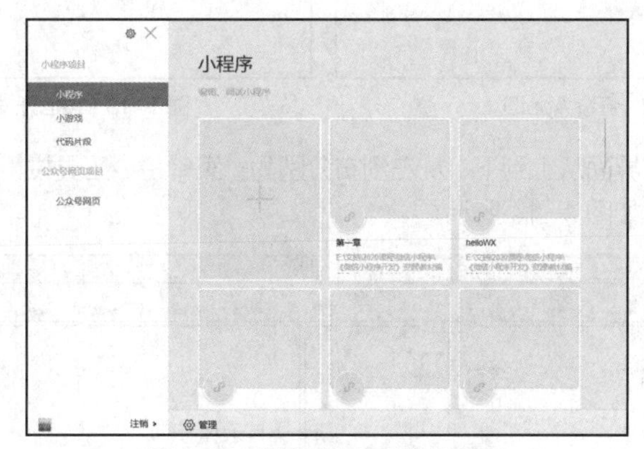

图 1-10　微信开发者工具初始页面

选择左侧“小程序”项目，然后选择加号即可进入小程序创建页面，如图 1-11 所示。用户在此页面可以设置项目名称、目录等。需要注意的是，如果没有 AppID，可以选择测试号，但是测试号无法使用微信开发者工具的某些功能，也无法上线正式的小程序。平时练习的时候可以选择测试号，但如果开发者需要真实的环境，则应输入自己的 AppID。开发者可以在微信公众平台找到自己的 AppID：打开微信公众平台，进入微信小程序管理后台，按照“开发”→“开发管理”→“开发设置”路径，即可找到自己的 AppID，如图 1-12 所示。

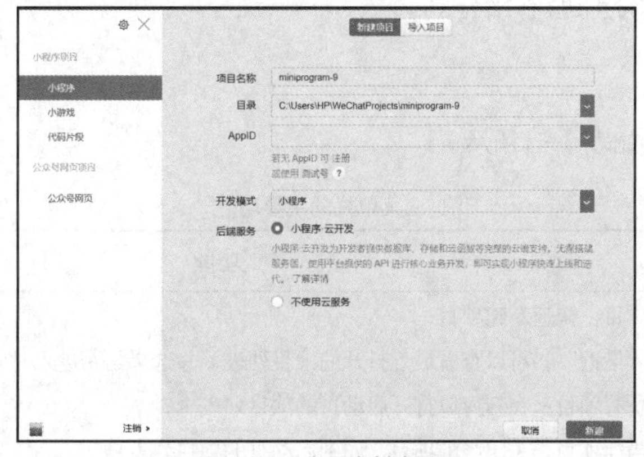

图 1-11　小程序创建页面

完成上述设置后，注意开发语言默认选择的是 JavaScript。然后选择“新建”按钮，微信开发者工具会创建一个新的微信小程序项目，如图 1-13 所示。

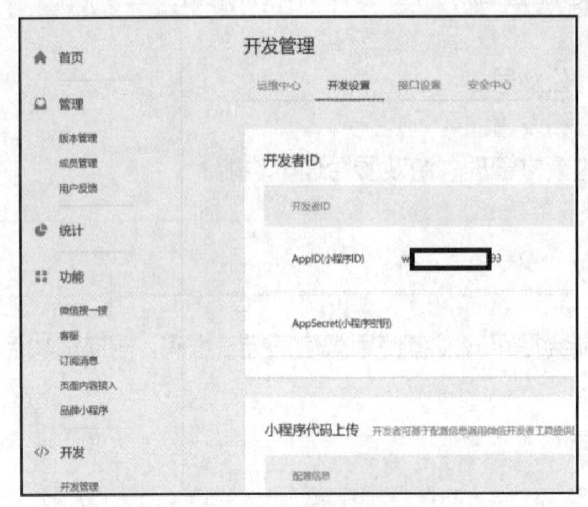

图 1-12　查看 AppID

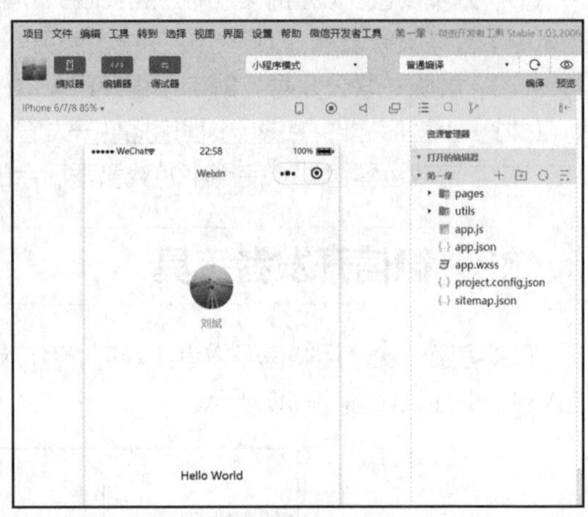

图 1-13　微信开发者工具开发界面

微信开发者工具主界面从上到下、从左到右分别为：菜单栏、工具栏、模拟器、目录树、编辑区、调试器六大部分，如图 1-14 所示。

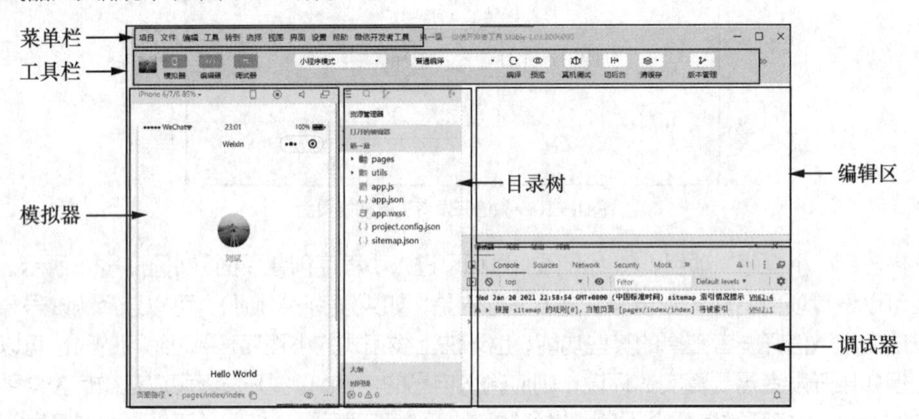

图 1-14　微信开发者工具主界面功能划分

下面针对这些功能分别进行介绍。

1. 菜单栏

菜单栏的主要功能如表 1-3 所示。

表 1-3　菜单栏的主要功能

菜单栏	功能
项目	新建项目：快速新建项目； 打开“最近”：可以查看最近打开的项目列表，并选择是否进入对应项目； 查看所有项目：在新窗口打开启动页的项目列表页； 关闭当前项目：关闭当前项目，回到启动页的项目列表页

续表

菜单栏	功能
文件	新建文件、保存、保存所有、关闭文件
工具	编译：编译当前小程序项目，对应的快捷键为<Ctrl+B>； 刷新：与编译的功能一致，由于历史原因保留，对应的快捷键为<Ctrl+R> 编译配置：可以选择普通编译或自定义编译条件； 前后台切换：模拟客户端小程序进入后台运行和返回前台的操作； 清除缓存：清除文件缓存、数据缓存及授权数据
微信开发者工具	切换账号：快速切换登录用户； 关于：关于开发者工具； 检查更新：检查版本更新； 开发者论坛：前往开发者论坛； 开发者文档：前往开发者文档； 调试：调试开发者工具、调试编辑器；如果遇到疑似开发者工具或者编辑器的 bug，可以打开调试工具查看是否有出错日志； 更换开发模式：快速切换公众号网页调试和小程序调试； 退出：退出开发者工具
设置	外观设置：控制编辑器的配色主题、字体、字号、行距； 编辑设置：控制文件保存的行为，编辑器的表现； 代理设置：选择直连网络、系统代理和手动设置代理； 通知设置：设置是否接收某种类型的通知

2. 工具栏

在工具栏左侧单击用户头像可以打开个人中心，在这里可以便捷地切换用户和查看开发者工具收到的消息，如图 1-15 所示。

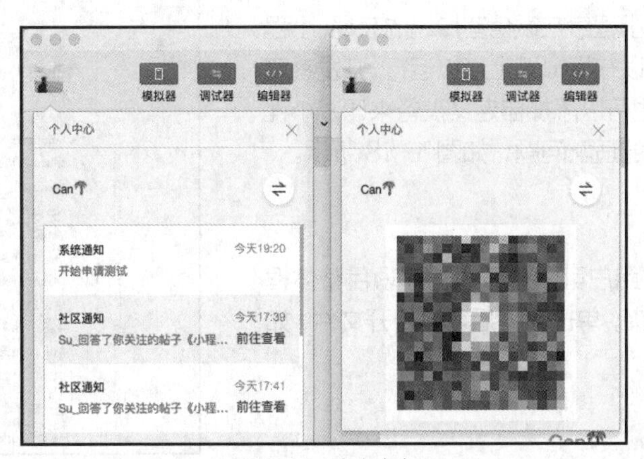

图 1-15　个人中心

在工具栏中间，可以选择普通编译，也可以新建并选择自定义条件进行编译和预览。通过“切后台”按钮，可以模拟小程序进入后台的情况。工具栏上提供了“清缓存”的快速入口，可以便捷地清除工具上的文件缓存、数据缓存，以及后台的授权数据，方便开发者调试，如图 1-16 所示。

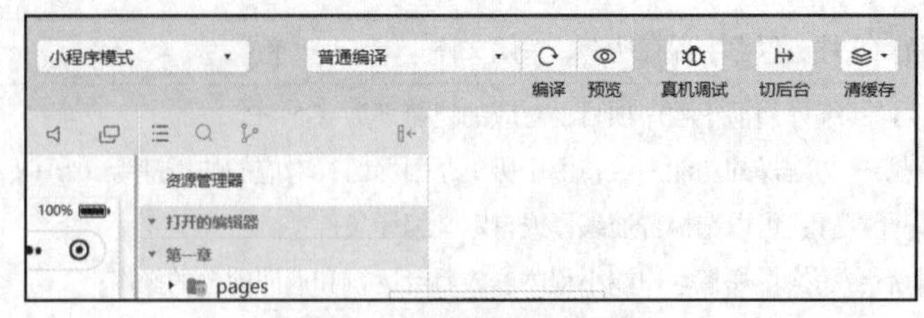

图 1-16　编译及调试功能

工具栏右侧是开发辅助功能的区域，在这里可以实现上传代码、管理版本、查看项目详情的功能，如图 1-17 所示。

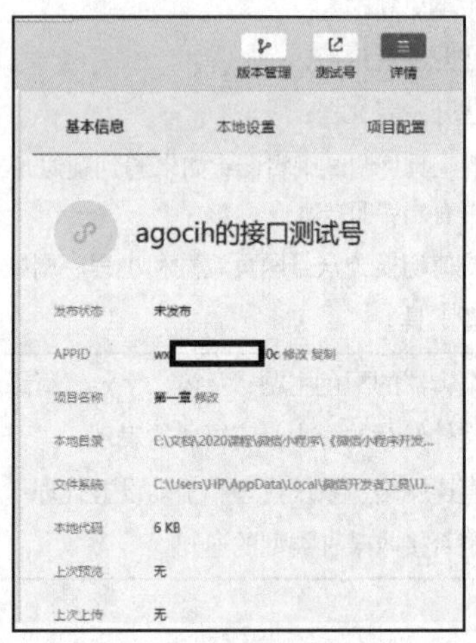

图 1-17　开发辅助区域

3. 模拟器

模拟器可以模拟小程序在微信客户端的表现。小程序的代码经过编译可以在模拟器上直接运行。开发者可以选择不同的设备，也可以添加自定义设备来调试小程序在不同尺寸机型上的适配问题，如图 1-18 所示。

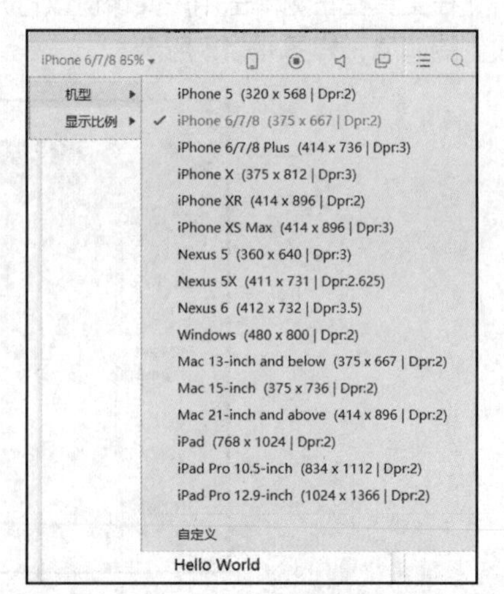

图 1-18　模拟器界面

4. 目录树

在目录树区域，用户可以查看小程序项目整体框架、新增文件或文件夹，单击文件后可以打开文件，如图 1-19 所示。

5. 编辑区

编辑区是开发者编写代码的区域，在目录树中选中文件后，可以在编辑区进行编辑。用户可在“菜单栏→设置→编辑器设置”中对编辑器进行设置，如图 1-20 所示。

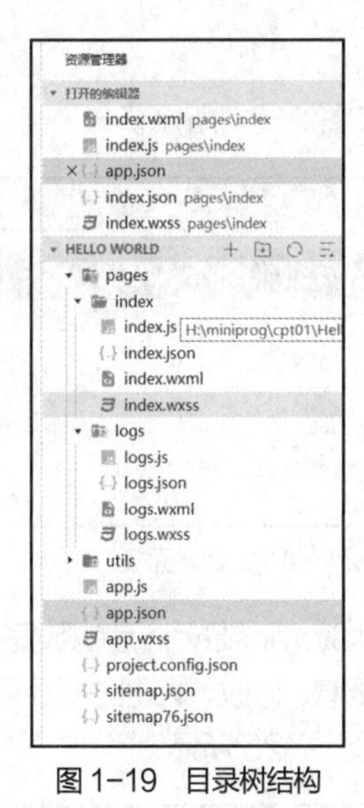

图 1-19　目录树结构

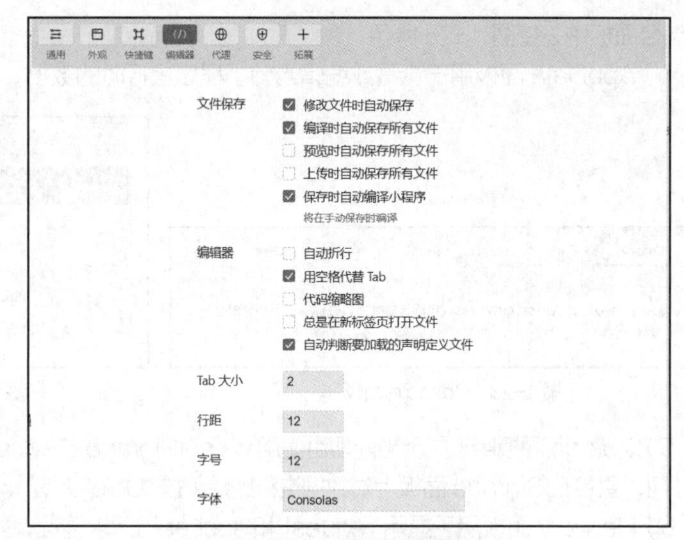

图 1-20　编辑器设置界面

6. 调试器

调试器主要分为七大功能模块：Wxml、Sources、Console、AppData、Storage、Network、Sensor。

（1）Wxml 面板用于帮助开发者开发 wxml 转化后的界面。在这里可以看到真实的页面结构以及结构对应的 wxss 属性，同时可以通过修改 wxss 属性，在模拟器中实时看到对页面结构修改的结果（仅为实时预览，无法保存到文件）。通过调试模块左上角的选择器，还可以快速定位页面中组件对应的 wxml 代码，如图 1-21 所示。

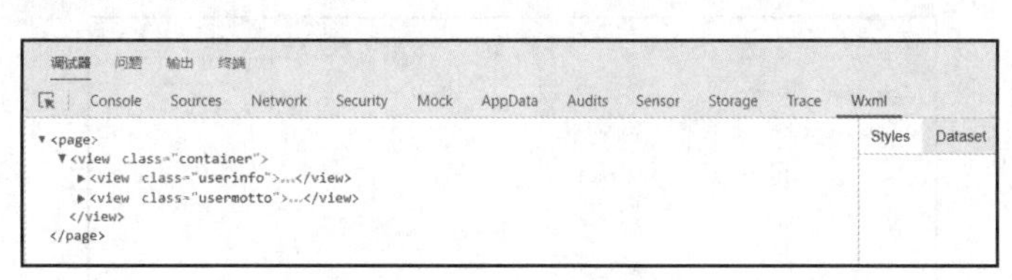

图 1-21　Wxml 面板

（2）Sources 面板用于显示当前项目的脚本文件，与网站开发不同，微信小程序框架会对脚本文件进行编译，所以在 Sources 面板中，开发者看到的文件是经过处理的脚本文件，开发者的代码都会被包裹在 define 函数中，并且对于 Page 代码，在尾部会有 require 的主动调用，如图 1-22 所示。

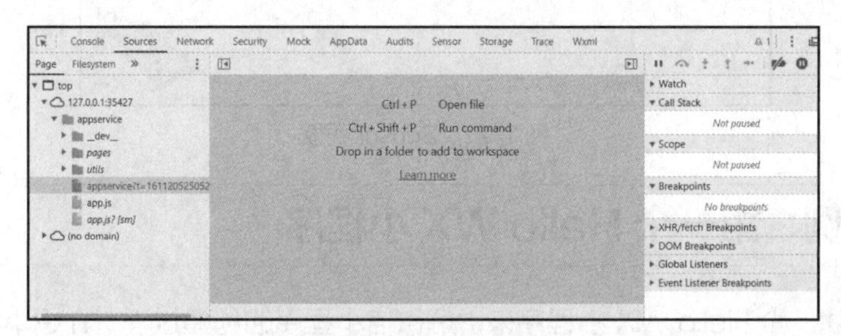

图 1-22　Sources 面板

（3）Console 面板有两大功能：开发者可以在此输入和调试代码，小程序的错误输出会显示在控制台面板中，如图 1-23 所示。

（4）AppData 面板用于查看或编辑当前小程序运行时的数据，如图 1-24 所示。

图 1-23　Console 面板

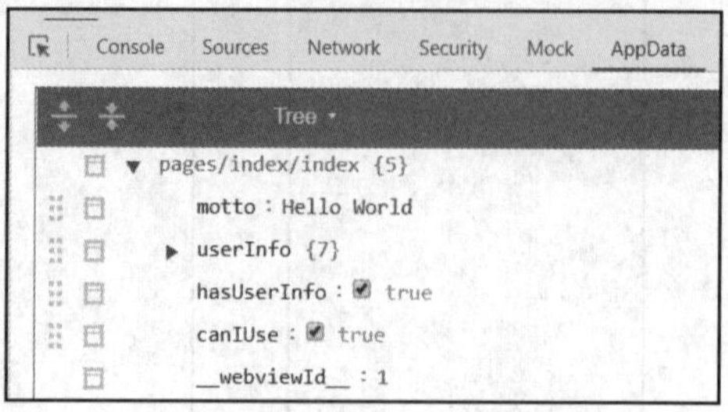

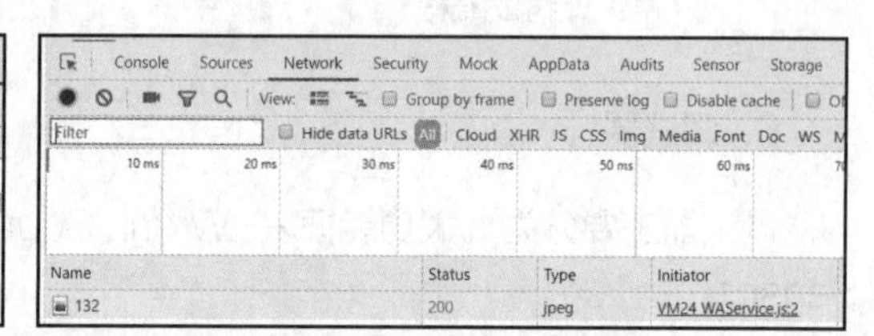

图 1-24　AppData 面板

（5）Storage 面板用于显示当前项目使用 wx.setStorage 或 wx.setStorageSync 后的数据存储情况。可以直接在 Storage 面板上对数据进行删除（按<Delete>键）、新增、修改，如图 1-25 所示。

（6）Network 面板用于显示 request 和 socket 的请求情况，如图 1-26 所示。

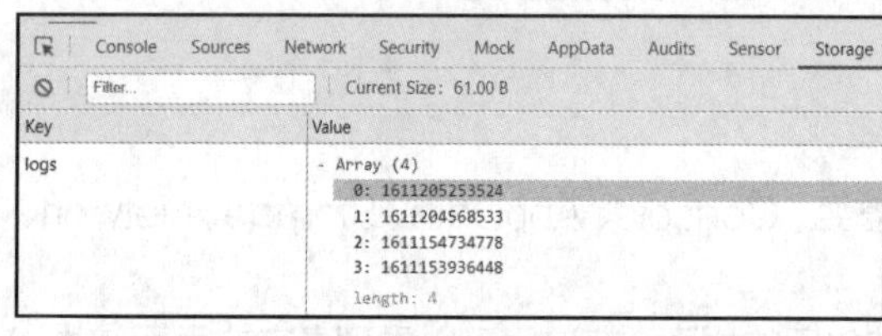

图 1-25　Storage 面板

图 1-26　Network 面板

（7）Sensor 面板有两大功能：开发者可以在这里动态地修改地理位置来模拟小程序在不同地理位置的表现，也可以调试重力感应 API，如图 1-27 所示。

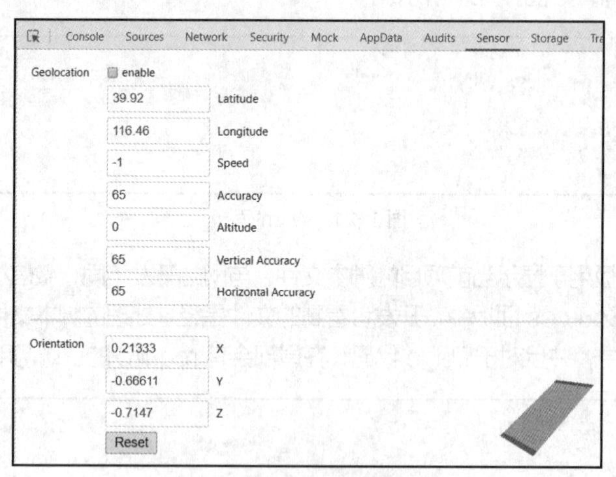

图 1-27　Sensor 面板

1.4　案例：第一个 Hello WX 小程序

下面通过创建一个 Hello WX 小程序来讲解微信小程序的创建过程、介绍小程序架构和配置文件。

1.4.1 任务 1——微信小程序创建

首先新建一个小程序项目，项目名称为“Hello WX”，如图 1-28 所示。

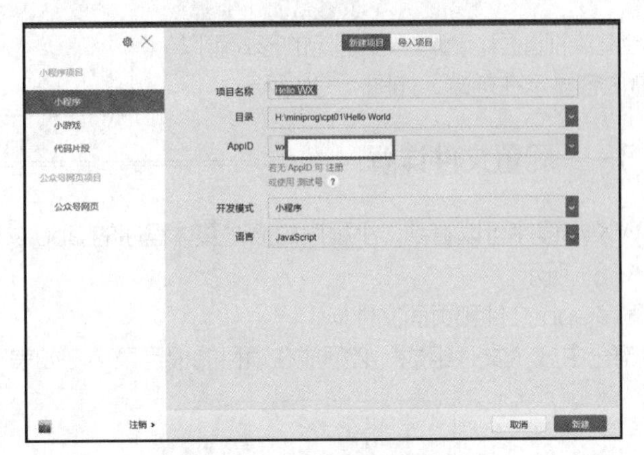

图 1-28 新建 Hello WX 项目

创建成功后，将 index 文件夹中 index.wxml 文件打开并清空，添加以下代码。

```
<view class="container">
    Hello WX
</view>
```

目前不知道文件和代码的含义也没有关系，后面的章节会逐步介绍这些内容。代码添加后，单击工具栏上的“编译”按钮，在模拟器中可以看到运行效果，如图 1-29 所示。

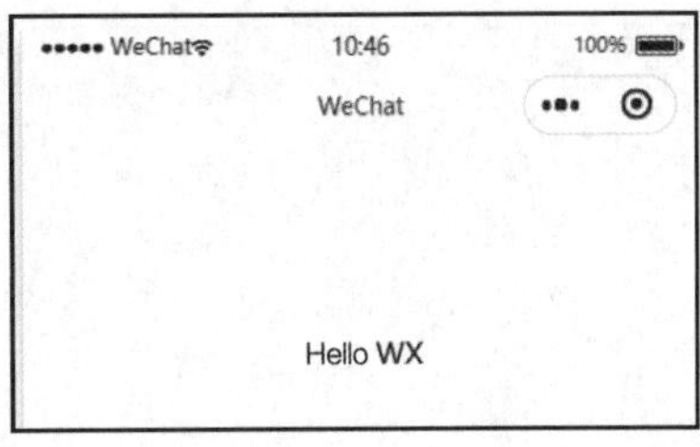

图 1-29 项目运行结果

【课堂实践 1-1】

请仿照 Hello WX 小程序，新建一个项目，在页面上输出姓名、出生日期、性别、家庭住址、爱好等个人信息。

1.4.2 任务 2——微信小程序架构分析

微信小程序开发框架的目标是通过尽可能简单、高效的方式让开发者在微信中开发具有原生 App 体验的服务。

整个微信小程序框架分为两部分：逻辑层（App Service）和视图层（View）。小程序提供了自己的视图层描述语言 WXML 和 WXSS，以及基于 JavaScript 的逻辑层框架，并在视图层与逻辑层间提供了数据传输和事件系统，让开发者能够专注于数据与逻辑。

下面我们修改 index.wxml 文件中的代码。

```
<view class="container">
    {{hello}}
</view>
```

其中{{hello}}表示在视图层绑定逻辑层数据。

下面修改 index.js 文件，将原来的文件清空，写入如下代码。

```
Page({
    data:{
        hello:"hello weixin"
    }
})
```

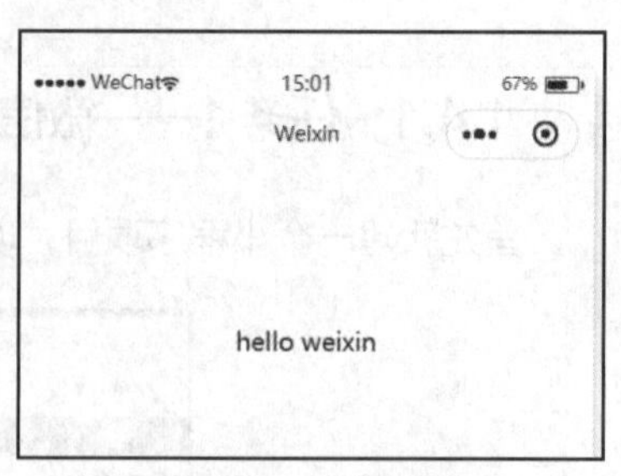

图 1-30　数据绑定

小程序启动时，会渲染视图层，通过数据绑定的形式可以将逻辑层的 hello 变量内容显示在前端，如图 1-30 所示。

1.4.3　任务 3——配置文件详解

通过上面 Hello WX 小程序可以看到，小程序由描述整体程序的 app 文件和多个描述各自页面的文件组成，如图 1-31 所示。

下面分别讲解小程序 app 文件和页面文件。

小程序 app 文件部分由 3 个文件组成，必须放在项目的根目录下，如表 1-4 所示。

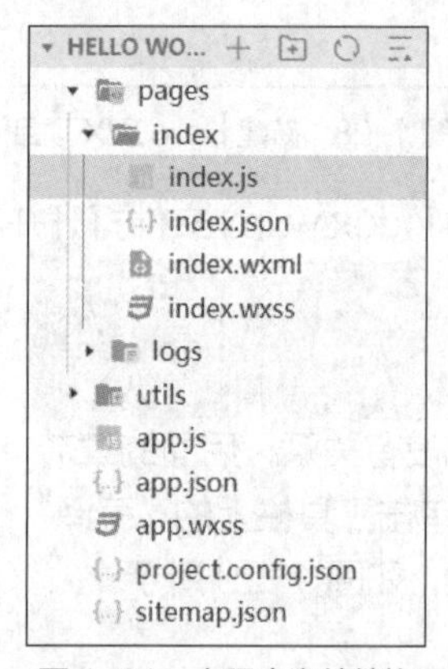

图 1-31　小程序文件结构

表 1-4　　app 文件说明

文件	是否必需	作用
app.js	是	小程序逻辑
app.json	是	小程序公共配置
app.wxss	否	小程序公共样式表

以上 app 文件是全局配置文件，例如可以在 app.js 文件中设置全局数据变量，在 app.json 文件中设置全局公共配置，在 app.wxss 文件中设置全局页面样式。

例如，如果想添加一个页面“test”，并将页面标题改为“我的第一个小程序”，可以在 app.json 文件中进行如下设置，运行结果如图 1-32 所示。

```
"pages": [
    "pages/index/index",
    "pages/logs/logs",
    "pages/test/test"
],
"window": {
    "navigationBarTitleText": "我的第一个小程序"
```

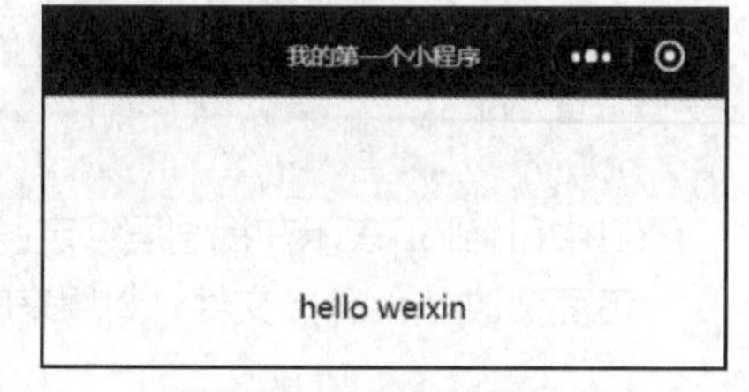

图 1-32　设置全局配置文件

```
}
```

pages 数组有 3 个成员，表示项目中包含 3 个页面，成员排列顺序决定了小程序启动时首先显示 index 页面。如果想调换启动页，在 pages 数组中调整成员顺序即可。

一个小程序页面由 4 个文件组成。通过表 1-5 可以看到页面中每个文件的具体作用，这些都称为页面级文件。例如，可以使用 index.json 文件来对本页面的窗口表现进行配置。

表 1-5　页面 4 个文件说明

文件类型	是否必需	作用
.js	是	页面逻辑
.wxml	是	页面结构
.json	否	页面配置
.wxss	否	页面样式表

在 index.json 中写入以下代码，程序执行结果如图 1-33 所示。

```
{
    "navigationBarBackgroundColor": "#ffffff",
    "navigationBarTextStyle": "black",
    "navigationBarTitleText": "页面配置演示",
    "backgroundColor": "#eeeeee",
    "backgroundTextStyle": "light"
}
```

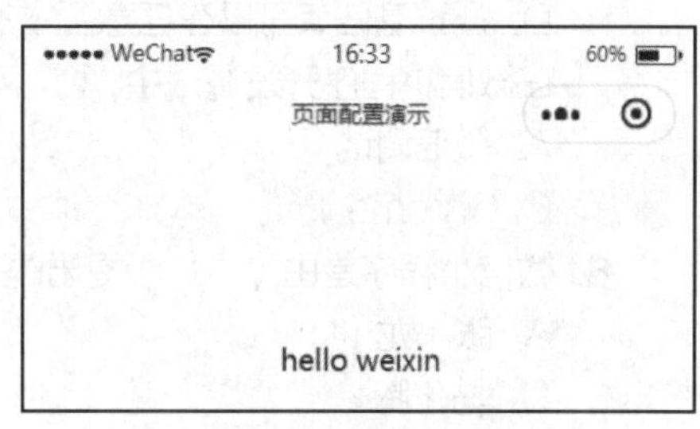

图 1-33　页面级配置效果

1.5 小　结

本章主要介绍了微信小程序开发的基础知识、小程序开发需要的技术，搭建了小程序开发平台，分析了微信开发者工具的功能。通过开发“Hello WX”小程序讲解了微信小程序基本架构及配置文件。

1.6 课后习题

一、选择题

1. 对于以下微信小程序发展前景的说法中，错误的是（　　）。
   A. 微信小程序是一个生态体系，开发者将来能够更好地借助扩展插件进行小程序的开发
   B. 微信小程序可开发能力越来越强，开发接口进一步完善
   C. 微信小程序只能个人申请使用
   D. 微信小程序积累了大量的用户，且用户黏性高
2. 在进入微信小程序开发前，开发者需要先注册（　　），并安装微信开发者工具。
   A. AppID　　　　B. 微信公众号
   C. 企业微信　　　D. 服务号

3. 在小程序权限管理中，(　　)可以使用开发者工具对开发版小程序进行开发。

A. 开发管理　　B. 开发者权限

C. 暂停服务设置　　D. 登录

4. 下面功能选项中，微信小程序不支持的是(　　)。

A. 集中入口　　B. 线下扫码

C. 挂起状态　　D. 消息通知

5. 在小程序目录结构中，(　　)文件是应用配置文件。

A. app.js　　B. app.json

C. project.config.js　　D. index.json

6. 下列对小程序项目设置项的说法中，错误的是(　　)。

A. ES6 转 ES5 就是将 JavaScript 代码的 ES6 语法转换为 ES5 语法

B. 使用 npm 模块就是在小程序中使用 npm 安装的第三方依赖包

C. 校验合法域名就是在真实环境中对信息进行检验

D. 调试基础库可以在任意版本的微信客户端上运行

7. 在微信小程序开发调试中，(　　)可以实现在手机上体验开发版本。

A. 微信调试　　B. 真机调试

C. Chrome 调试　　D. 远程调试

8. 微信小程序是由(　　)提出的，解决了 App 使用的效率问题。

A. 张小龙　　B. 尤雨溪

C. 马化腾　　D. 李彦宏

9. 在微信开发者工具中，调试器中的(　　)可以查看网络请求信息。

A. Console 面板　　B. Network 面板

C. AppData 面板　　D. Sources 面板

10. 小程序开发环境搭建主要就是安装(　　)。

A. Chrome　　B. 微信开发者工具

C. 编辑器　　D. 微信客户端

二、判断题

1. 微信开发者工具中的 Console 面板用于输出调试信息。(　　)

2. 微信小程序能够实现复杂的应用，将来会取代 Native App。(　　)

3. 在微信小程序中，每个页面由.wxml、.wxss、.js 和.json 文件组成，其中.wxml 和.js 文件必须存在，.wxss 和.json 文件可以省略。(　　)

4. 微信小程序的运行环境是微信客户端，可以实现跨平台。(　　)

5. 微信小程序开发模式类似于 Vue.js，同时支持组件化开发。(　　)

6. 微信小程序是一种不需要安装即可使用的应用，用户只需“扫一扫”或“搜一搜”即可打开应用，无须安装或卸载。(　　)

7. 为了保证小程序的质量，以及符合相关规定，小程序的发布需要经过审核。(　　)

8. 在微信小程序中，AppID 又称为小程序 ID，是每个小程序的唯一标识。(　　)

9. 微信小程序开发类似于传统的网页开发，微信内部对语言进行了定制。(　　)

三、简答题

1. 请简述微信开发者工具中模拟器的功能。
2. 请简述什么是微信小程序。
3. 请简述微信小程序开发环境的搭建步骤。
4. 请简述微信小程序正式提交上线的流程。

第2章 记事本小程序

02

▶ 内容导学

微信小程序框架主要包含两大部分：逻辑层和视图层。小程序还提供了基于 JavaScript 的逻辑层框架，并在视图层与逻辑层之间提供了数据传输和事件系统，开发者只需要专注于数据和逻辑关系，就可以使逻辑层的数据和视图层的保持同步，当在逻辑层修改数据时，视图层会进行相应的更新。另外微信小程序事件系统还可以绑定事件，实现页面间转换及调用原生 API，可以方便地调用微信提供的能力，如获取用户信息、本地存储、支付功能等。

本章通过记事本小程序，实现列表展示，包括删除、修改、取消要记录的内容等功能，同时介绍微信小程序中数据绑定和事件的使用，以及逻辑层与视图层的交互。

▶ 学习目标

① 掌握注册程序和注册页面的方法。
② 掌握生命周期的使用方法。
③ 掌握页面路由的方法。
④ 掌握使用 WXML、WXS 和 WXSS 语法的方法。
⑤ 掌握页面事件的绑定方法。
⑥ 掌握数据绑定、条件渲染和列表渲染的使用方法。
⑦ 掌握 Flex 布局的基本概念和相关属性。
⑧ 能够对记事本小程序进行分析。

2.1 逻辑层

逻辑层是处理事务逻辑的地方。对于微信小程序而言，逻辑层就是.js 脚本文件的集合。逻辑层将数据进行处理后发送给视图层，同时接收视图层的事件反馈。

微信小程序开发框架的逻辑层是由 JavaScript 编写的。在 JavaScript 的基础上，微信团队做了一些适当的修改，以提高开发微信小程序的效率，主要修改的内容如下。

（1）增加 App()方法和 Page()方法，进行程序和页面的注册。

（2）提供丰富的 API（Application Programming Interface，应用程序接口），如“扫一扫”“支付”等微信特有的功能。

（3）每个页面有独立的作用域，并提供模块化能力。

逻辑层的实现就是编写各个页面的.js 脚本文件。但由于微信小程序并非运行在浏览器中，因此，JavaScript 在 Web 中的一些能力无法使用，如 document、window 等。

开发者编写的所有代码会打包成一个 JavaScript 文件，并在微信小程序启动的时候运行，直到小程序销毁。

2.1.1 注册程序

每个微信小程序都需要在 app.js 中调用且仅调用一次 App()方法来注册小程序实例。App()方法可以绑定生命周期回调函数、错误监听和页面不存在监听函数等。

我们使用 App(Object object)方法来注册一个微信小程序。该方法接收一个 object 参数，用于指定微信小程序的生命周期函数等，其中 object 参数列表如表 2-1 所示。

表 2-1　　object 参数列表

参数	类型	描述	触发时机
onLaunch()	Function	生命周期函数——监听微信小程序初始化	当微信小程序初始化完成时，会触发 onLaunch()（全局只触发一次）
onShow()	Function	生命周期函数——监听微信小程序显示	当微信小程序启动，或从后台进入前台显示时，会触发 onShow()
onHide()	Function	生命周期函数——监听微信小程序隐藏	当微信小程序从前台进入后台时，会触发 onHide()
onError()	Function	错误监听函数	当微信小程序发生脚本错误，或者 API 调用失败时，会触发 onError()并附带错误信息
onPageNotFound()	Function	页面不存在监听函数	当微信小程序出现要打开的页面不存在时，会回调该函数，并附带页面信息
其他	任意		开发者可以添加任意函数或数据到 object 参数中，用 this 可以访问

下面通过一个示例，演示如何注册微信小程序。

创建一个空项目，在 app.js 文件中写入如下代码。

```
App({
    //微信小程序生命周期函数——监听小程序初始化
    onLaunch(){
      console.log("app 运行");
    },
    //微信小程序生命周期函数——监听小程序显示
    onShow(){
      console.log("app 显示");
    },
    //微信小程序生命周期函数——监听小程序隐藏
    onHide(){
      console.log("app 隐藏");
    },
    //微信小程序生命周期函数——监听小程序错误
    onError(){
      console.log("app 错误");
    },
    globalData:'hello'
})
```

整个微信小程序只有一个 App 实例，是全部页面共享的。开发者可以在页面的 JavaScript

文件中通过 getApp()方法获取全局唯一的 App 实例。获取 App 上的数据或调用开发者注册在 App 上的函数。

2.1.2 注册页面

微信小程序中的每个页面都需要在页面对应的 JavaScript 文件中进行注册，在该文件中指定页面的初始数据、生命周期回调函数、事件处理函数等。

1. 使用 Page()方法注册页面

Page()方法接受一个 object 参数，object 参数可以为初始数据、生命周期函数及用户自定义的事件处理函数。每个页面有且仅有一个 Page()方法，存在于该页面的.js 文件中。示例代码如下。

```
//index.js
Page({
data:{
  text: "这是修改前的内容"
},
onLoad: function(options) {
  //页面创建时执行
},
//事件响应函数
buttontap: function() {
  this.setData({ text: "这是修改后的内容" })
  }
})
```

```
//index.html
<view>{{text}}
<button bindtap="buttontap">改变 text 内容</button>
</view>
```

2. 使用 Component 构造器构造页面

Page 构造器只适用于简单的页面，不适用于复杂的页面。如果要构造复杂的页面，可以使用 Component 构造器。Component 构造器与 Page 构造器的主要区别是 Component 构造器方法需放在 methods:{ }里面。

```
Component({
data: {
  text: "修改前的内容"
},
methods: {
onLoad: function(options) {
  //页面创建时执行
},
//事件响应函数
buttontap: function() {
  this.setData({ text: "这是修改后的内容" })
```

```
    }
  }
})
```

2.1.3 页面路由

微信小程序中有很多页面，在一个多页面的微信小程序中，所有页面的路由全部由框架进行管理。框架以栈的形式维护所有页面。微信小程序有 6 种路由方式，具体的路由表现形式如表 2-2 所示。

表 2-2 路由表现形式

序号	路由表现形式	触发时机	路由前的页面处理函数	路由后的页面处理函数	页面栈表现
1	初始化	小程序打开的第一个页面		onLoad()、onShow()	新页面入栈
2	打开新页面	调用 API wx.navigateTo 或者使用组件<navigator open-type="navigateTo"/>	onHide()	onLoad()、onShow()	新页面入栈
3	页面重定向	调用 API wx.redirectTo 或者使用组件<navigator open-type="redirectTo"/>	onUnload()	onLoad()、onShow()	当前页面出栈，新页面入栈
4	页面返回	调用 API wx.navigateBack 或者使用组件<navigator open-type="navigateBack">或者用户按“返回”按钮	onUnload()	onShow()	页面不断出栈，直到目标返回页面
5	Tab 切换	调用 API wx.switchTab 或者使用组件<navigator open-type="switchTab"/>或者用户进行 Tab 切换			页面全部出栈，只留下新的 Tab 页面
6	重加载	调用 API wx.reLaunch 或者使用组件<navigator open-type="reLaunch"/>或者用户按“返回”按钮	onUnload()	onLoad()、onShow()	页面全部出栈，只留下新的页面

下面对每种路由表现形式进行分析。

1. 初始化

初始化页面就是新页面入栈。举例说明：假如有一个页面 A，经过初始化之后，当前的页面栈就是页面 A。初始化页面时会触发 onLoad()和 onShow()函数加载显示页面 A。

2. 打开新页面

在初始化页面 A 的基础上打开页面 B，这样页面 B 入栈，当前的页面栈就有两个页面——页面 A 和页面 B。

打开新的页面可以通过调用 API wx.navigateTo 或者使用组件<navigator open-type="navigateTo"/>实现，具体地，首先会调用 onHide()函数隐藏页面 A，然后调用 onLoad()和

onShow()函数加载并显示页面 B。

3. 页面重定向

在当前页面 B 进行重定向，跳转到页面 C，页面栈表现为页面 B 出栈，页面 C 进栈。这时当前的页面栈中有页面 A 和页面 C。

页面重定向可以通过调用 API wx.redirectTo 或者使用组件<navigator open-type="redirectTo"/>实现，具体地，首先会调用 onUnload()函数关闭页面 B，然后调用 onLoad()和 onShow()函数加载并显示页面 C。

4. 页面返回

页面返回即在页面 C 返回，当前的页面栈表现为页面 C 出栈，因此，此时只剩下页面 A。

页面返回可以通过调用 API wx.navigateBack 或者使用组件<navigator open-type="navigateBack"/>或者用户按“返回”按钮实现，具体地，首先调用 onUnload()函数关闭页面 C，然后调用 onShow()函数显示页面 A。

5. Tab 切换

页面全部出栈，只留下 Tab 页面。

Tab 切换可以通过以下 3 种方式实现：调用 API wx.switchTab、使用组件<navigator open-type="switchTab"/>或用户进行 Tab 切换。具体地，用户打开新页面前，会调用 onUnload()函数关闭所有已经打开的非 tabBar 页面，调用 onHide()函数隐藏 tabBar 页面，调用 onShow()函数显示未关闭的 tabBar 页面，调用 onLoad()和 onShow()函数加载并显示非 tabBar 页面。

6. 重加载

页面全部出栈，只留下新的页面。

重加载可以通过调用 API wx.reLaunch、使用组件<navigator open-type="reLaunch"/>或者用户按“返回”按钮来实现，具体地，首先调用 onUnload()函数关闭所有页面，然后调用 onLoad()和 onShow()函数加载并显示新页面。

注意事项：

（1）调用 API wx.navigateTo、API wx.redirectTo 只能打开非 tabBar 页面。
（2）调用 API wx.switchTab 只能打开 tabBar 页面。
（3）调用 API wx.reLaunch 可以打开任意页面。
（4）页面底部的 tabBar 由页面决定，即只要是定义为 tabBar 的页面，底部都有 tabBar。
（5）调用页面路由携带的参数可以在目标页面的 onLoad()函数中获取。

2.1.4 生命周期

生命周期指微信小程序打开、前台显示、暂停、继续运行、关闭的过程。微信小程序的生命周期主要有应用生命周期和页面生命周期。

1. 应用生命周期

应用生命周期是指微信小程序的整个运行周期，微信小程序的运行包括前台运行和后台运行。

当用户打开微信小程序时，微信小程序就在前台运行。当用户点击关闭或离开微信时，微信小程序并没有直接销毁，而是进入了后台；当再次打开微信小程序时，又会从后台进入前台。运行周期中主要会调用以下生命周期函数。

（1）打开：首次打开小程序将触发 onLaunch()函数，整个周期只触发一次。

（2）前台显示：微信小程序初始化完成后，触发 onShow()函数，监听小程序显示。

（3）暂停：微信小程序从前台进入后台，触发 onHide()函数。

（4）继续运行：微信小程序从后台进入前台显示，继续触发 onShow()函数。

（5）关闭：当系统资源占用过高、后台运行时间过长或者用户关闭程序时，程序将会被销毁。

以上生命周期中触发的函数都是运行在 app.js 中的，函数的具体使用方法见表 2-1，微信小程序的运行流程如图 2-1 所示。

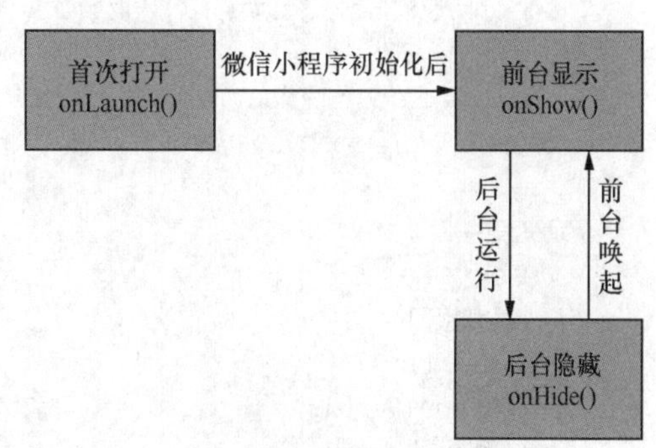

图 2-1　微信小程序的运行流程

2. 页面生命周期

每个小程序都有多个页面，页面生命周期是指其中某个页面打开、暂停、继续运行、关闭的运行周期。

（1）打开：触发 onLoad()函数加载页面、触发 onShow()函数显示页面、触发 onReady()函数渲染页面元素和样式。

（2）暂停：当微信小程序在后台运行或跳转到其他页面时，触发 onHide()函数隐藏页面。

（3）继续运行：当微信小程序由后台进入前台运行或重新进入该页面时，触发 onShow()函数显示页面。

（4）关闭：当使用重定向 API wx.redirectTo()函数或使用 wx.navigateBack 关闭当前页面，返回上一页面时，触发 onUnload()函数关闭当前页面。

以上调用的生命周期函数都是运行在当前页面的.js 文件中的，页面的运行流程如图 2-2 所示。

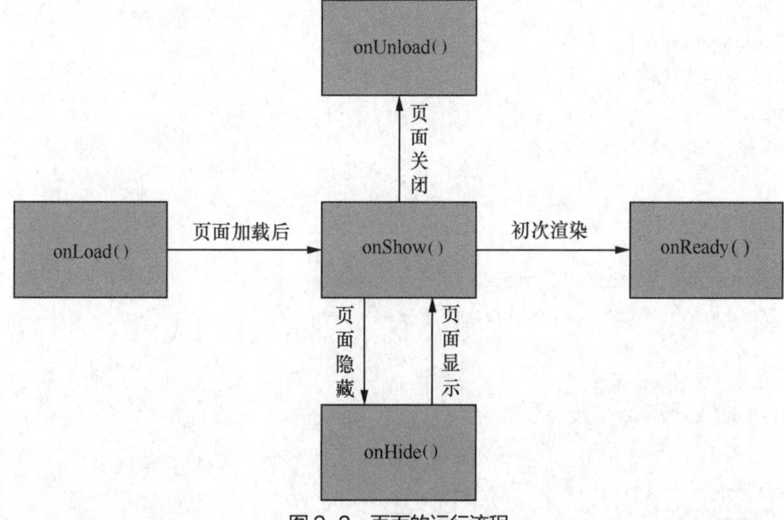

图 2-2　页面的运行流程

2.1.5 模块化

模块化就是将程序中一些公共的代码抽离成一个单独的 JavaScript 文件，这个 JavaScript 文件就是一个模块，JavaScript 文件最后通过 module.exports 对外暴露接口，以便外部文件调用。模块化定义代码示例如下。

```
//新建 test.js 公共文件，test.js 是一个模块
//定义公共变量 userName 和公共函数 sayHello()、sayGoodbye()
function sayHello(name) {
  console.log( 'Hello ${name} ! ')
}
function sayGoodbye(name) {
  console.log(`Goodbye ${name} !`)
}
//定义公共变量
var userName='张三'
//对外暴露接口
module.exports={
  userName:userName,
  sayHello: sayHello,
  sayGoodbye: sayGoodbye
}
```

当需要这些模块的公共方法和公共变量时，可以使用 require()引入公共代码，示例代码如下。

```
//在.js 文件中编写代码如下
var testfun = require('test.js');
Page({
  data: {
    userName: ''
  },
  onLoad: function (options) {
    //给 userName 赋值
    this.setData({
      userName:testfun.userName
      });
  },
  sayHello: function() {
    // console.log(this.data.userName)
    testfun.sayHello(this.data.userName)
  },
  sayGoodbye: function() {
    testfun.sayGoodbye(this.data.userName)
  }
})
//在. wxml 文件中编写如下代码
<view> {{userName}} </view>
<button bindtap="sayHello">say Hello</button>
```

```
<button bindtap="sayGoodbye">say Goodbye</button>
```

上述代码实现效果：界面上显示“张三”，当单击按钮“sayHello”时，输出“Hello 张三!”；当单击按钮“sayGoodbye”时，输出“Goodbye 张三!”。

2.2 视图层

视图层也叫界面层，是用来展示具体效果的，主要将逻辑层的数据展现到视图层中，同时将视图层的事件反馈给逻辑层。视图层采用 WXML 与 WXSS 编写，由各种组件（Component）来进行展示。其中 WXML 用于描述页面的结构，WXSS 用于描述页面的样式，组件是视图层的基本组成单元。

2.2.1 HTML 与 WXML

HTML 和 WXML 都是用来构建前端页面的，WXML 其实就相当于 HTML，它们的区别主要有以下两点。

（1）开发工具：HTML 可以在 HBuilder、Notepad++、Visual Studio Code 等多种开发工具中使用，主要用于 Web 开发；而 WXML 仅能在微信小程序开发工具中使用，主要用于微信小程序开发。

（2）基础语法：HTML 可用<div></div>显示块级元素，而 WXML 使用<view></view>容器来显示块级元素。WXML 大多使用闭合标签，所有元素都必须正确嵌套；HTML 段落、标题、链接等都用不同的标签来实现，很多是单标签。

2.2.2 CSS 与 WXSS

WXSS 具有 CSS 中的大部分特性。同时为了更适合开发微信小程序，WXSS 对 CSS 进行了扩展和修改，主要扩展的地方如下。

（1）WXSS 新增了尺寸单位。在编写 CSS 时，开发者需要考虑手机屏幕的不同宽度和设备像素比，因此，需要采用一些技巧来换算像素单位。WXSS 在底层支持新的尺寸单位 rpx（responsive pixel），开发者可以将换算工作交给小程序底层来完成，由于换算采用浮点数运算，所以运算结果会和预期结果有很小的偏差。

（2）WXSS 提供了全局样式和局部样式。开发者可以编写 app.wxss 作为全局样式，该文件会作用于当前微信小程序的所有页面，局部样式 page.wxss 仅对当前页面生效。

（3）WXSS 可以导入外联样式表，使用@import+外联样式表的相对路径，实现外联样式表的导入。

（4）WXSS 仅支持部分 CSS 选择器。

2.2.3 页面事件

页面事件是视图层到逻辑层的通信方式。页面事件可以将用户的行为反馈到逻辑层进行处理。事件可以绑定在组件上，当触发事件时，就会执行逻辑层中对应的事件处理函数。事件对象可以携带额外信息，如 id、dataset、touches 等。

1. 事件的使用方式

首先，在组件中绑定一个事件处理函数，如 bindtap，当用户单击该组件的时候会在该页面对应的 Page 中找到相应的事件处理函数，如在.wxml 的 view 组件中添加 tapName 的 bindtap 事件。

```
<view id="tapTest"   bindtap="tapName">Click me!</view>
```

然后，在相应的 Page 定义中编写相应的事件处理函数 tapName，参数是 event。

```
Page({
tapName: function(event){
  console.log(event)
}
})
```

上述代码实现的效果：当单击“Click me!”时，会调用事件处理函数 tapName，并将 id 的值传递给 event，在调试窗口打印出来。

2. 事件分类

事件分为冒泡事件和非冒泡事件。

（1）冒泡事件：当一个组件上的事件被触发时，该事件会向父节点传递。冒泡事件列表如表 2-3 所示。

（2）非冒泡事件：当一个组件上的事件被触发时，该事件不会向父节点传递。

表 2-3　冒泡事件列表

类型	触发条件
touchstart	手指触摸动作开始
touchmove	手指触摸后移动
touchcancel	手指触摸动作被打断，如来电提醒、弹窗
touchend	手指触摸动作结束
tap	手指触摸后马上移开
longtap	手指触摸 350ms 后再移开

注：除上表外的其他组件自定义事件都是非冒泡事件，如<form/>的 submit 事件、<input/>的 input 事件、<scroll-view/>的 scroll 事件等。

3. 事件绑定

事件绑定的写法与组件的属性一样，都以 key=value 的形式表示，key 以 bind 或 catch 开头，后接事件的具体类型，如 bindtap、catchtap。value 是一个函数名称，需要在对应的 Page 中定义该函数，不然触发事件的时候会报错。

（1）普通事件绑定

bindtap 不会阻止冒泡事件向上冒泡，示例代码如下。

```
<view bindtap="handleTap2">
    <button>outer view</button>
    <view bindtap="handleTap1">
```

```
        <button>inner view</button>
    </view>
</view>
```

在以上示例代码中，如果单击“inner view”按钮，则会调用 handleTap1 和 handleTap2 两个事件处理函数。如果单击“outer view”按钮，则会调用 handleTap2 事件处理函数。

（2）阻止事件绑定

catch()可以阻止冒泡事件向上冒泡，示例代码如下。

```
<view>阻止事件冒泡</view>
<view bindtap="handleTap3">
    <button>outer view</button>
    <view catchtap="handleTap2">
        <button>middle view</button>
        <view bindtap="handleTap1">
            <button>inner view</button>
        </view>
    </view>
</view>
```

在以上示例代码中，如果单击“inner view”按钮，则会先后调用 handleTap1 函数和 handleTap2 函数（因为 tap 事件会冒泡到 middle view，而 middle view 使 catch 事件阻止 tap 事件冒泡，不再向父节点传递）；如果单击“middle view”按钮，则会触发 handleTap2 函数；如果单击“outer view”按钮，则会触发 handleTap3 函数。

（3）互斥事件绑定

除 bind()和 catch()外，还可以使用 mut-bind()来绑定事件。一个 mut-bind()被触发后，如果事件冒泡到其他节点上，则其他节点上的 mut-bind()函数不会被触发，但 bind()函数和 catch()函数依旧会被触发，也就是说所有 mut-bind()是“互斥”的，只可能有其中一个绑定函数被触发。同时，它完全不影响 bind()和 catch()的绑定效果，示例代码如下。

```
<view>互斥事件</view>
    <view mut-bind:tap="handleTap3">
    <button>outer view</button>
    <view id="middle" bindtap="handleTap2">
        <button>middle view</button>
        <view id="inner" mut-bind:tap="handleTap1">
            <button>inner view</button>
        </view>
    </view>
</view>
```

在以上示例代码中，单击“inner view”按钮会先后调用 handleTap1 和 handleTap2 函数，单击“middle view”按钮会调用 handleTap2 和 handleTap3 函数。

（4）捕获事件绑定

捕获阶段位于冒泡阶段之前，且在捕获阶段中，事件到达节点的顺序与冒泡阶段的相反。如果在捕获阶段需要监听事件，可以采用 capture-bind、capture-catch 关键字，当采用 capture-bind 时，示例代码如下。

```
<view>捕获事件</view>
<view bind:touchstart="handleTap1" capture-bind:touchstart="handleTap2">
```

```
    <button>outer view</button>
    <view id="inner" bind:touchstart="handleTap3" capture-bind:touchstart="handleTap4">
        <button>inner view</button>
    </view>
</view>
```

在以上示例代码中，单击“inner view”按钮会先后调用 handleTap2、handleTap4、handleTap3、handleTap1 函数；单击“outer view”按钮会调用 handleTap2、handleTap1 函数。

（5）中断捕获、取消冒泡

当采用 capture-catch 关键字时，将会中断捕获阶段和取消冒泡阶段，示例代码如下。

```
<view>中断捕获、取消冒泡</view>
    <view id="outer" bind:touchstart="handleTap1" capture-catch:touchstart="handleTap2">
        <button>outer view</button>
        <view id="inner" bind:touchstart="handleTap3" capture-bind:touchstart="handleTap4">
            <button>inner view</button>
        </view>
    </view>
</view>
```

在以上示例代码中，单击“inner view”按钮和“outer view”按钮都会调用 handleTap2 函数。

2.2.4 页面的样式

微信小程序通过.wxss 文件来设置页面的样式，通过 app.wxss 来设置全局的样式。每个页面通过当前页面的.wxss 文件来设置当前页面的样式。

2.3 WXML 语法

2.3.1 数据绑定

微信小程序每个页面对应的.js 文件中 Page 下的 data 对象主要用来存储页面所需的数据，在页面对应的.wxml 文件中，通过{{数据名称}}来绑定 data 中的数据，编译后将数据显示出来，示例代码如下。

```
// 页面.js 文件中存储的数据
Page({
    data: {
        message: 'Hello world！'
    }
})

//页面对应的.wxml 文件中绑定的数据
<view> {{message}}</view>
```

2.3.2 条件渲染

WXML 使用 wx:if="{{condition}}"来判断是否需要渲染该代码块，当有多个条件时，可以添加 wx:elif 和 wx:else，语法格式如下。

```
<view wx:if="{{条件 1}}"> 代码块 1 </view>
<view wx:elif="{{条件 2}}"> 代码块 2 </view>
<view wx:else="{{条件 3}}"> 代码块 3 </view>
```

示例代码如下。

```
//页面.js 文件中存储的数据
Page({
    data: {
        length: 10
    }
})

//在页面.wxml 文件中条件渲染
<view wx:if="{{length>10}}">length 大于 10 </view>
<view wx:elif="{{length<10}}"> length 小于 10 </view>
<view wx:else="{{length=10}}"> length 等于 10 </view>
```

运行结果为：length 等于 10

2.3.3 列表渲染

WXML 使用 wx:for 来进行列表的渲染，通过 for 循环将.js 文件中传过来的对象中的各项数据依次渲染并展示到页面中，语法格式如下。

```
<view wx:for="{{对象名称}}">{{item}} </view>
```

示例代码如下。

```
// 页面.js 文件中存储的对象
Page({
    data: {
        array:[1,2,3,4,5]
    }
})
//页面.wxml 文件中列表渲染
<view wx:for="{{array}}"> {{item}} </view>
```

运行结果为：1
2
3
4
5

2.4 WXS 语法

WXS（WeiXin Script）是微信小程序的一套脚本语言，是与 JavaScript 不同的语言，具有自己的语法。它可以结合 WXML 构建页面的结构。WXS 代码可以编写在.wxml 文件中的

<wxs>标签内，或以.wxs 为扩展名的文件内。

2.4.1 模块

每一个.wxs 文件和<wxs>标签都是一个单独的模块。每个模块都有自己独立的作用域，即在一个模块里定义的变量与函数默认为私有的，对其他模块不可见。一个模块要想对外暴露其内部的私有变量与函数，只能通过 module.exports 实现。

1. .wxs 文件

在微信开发者工具中，右键单击“新建文件”可以直接创建.wxs 文件，在其中编写 WXS 脚本，示例代码如下。

```
// 新建一个 index.wxs 文件，编写如下代码
var test= "hello world";
var newtest = function(value) {
  return value;
}
module.exports = {
  test: test,
  newtest: newtest
};
```

index.wxs 文件定义了一个变量 test 和一个 newtest()函数，最后通过 module.exports 共享该变量和函数，我们可以在其他.wxs 文件或.wxml 文件中的<wxs>标签内引用该变量和函数，如在.wxml 文件中的<wxs>标签内引用，示例代码如下。

```
<wxs src="test.wxs" module="quote" ></wxs>
<view> {{quote.test}}</view>
<view> {{quote.newtest('hello wxs')}}</view>
```

输出结果如下。

```
hello world
hello wxs
```

2. module 对象

每个 wxs 模块均有一个内置的 module 对象。通过 exports 属性对外共享本模块的私有变量与函数。在上面的代码中，如果需要使用 wxs 模块中的变量和函数，则需要使用 module.exports 来对外暴露其内部的私有变量与函数。

3. require()函数

在 wxs 模块中引用其他 wxs 模块，可以使用 require()函数。引用其他 wxs 模块时，要注意如下 3 点。

（1）只能引用.wxs 文件模块，且必须使用相对路径。

（2）wxs 模块均为单例，在第一次被引用时，会自动初始化为单例对象。多个页面、多个地方、多次引用，使用的都是同一个 wxs 模块对象。

（3）如果一个 wxs 模块在定义之后一直没有被引用，则该模块不会被解析与运行。

2.4.2 变量

WXS 中的变量均为值的引用。没有声明的变量可以直接赋值使用，它们会被定义为全局变量。如果只声明变量而不赋值，则默认值为 undefined。var 的表现与 JavaScript 中的一致，会有变量提升，示例代码如下。

```
var number = 1;
var word = "hello world";
var i; // i 默认为 undefined
```

在上面的代码中，分别声明了 number、word、i 这 3 个变量，并将 number 赋值为数值 1；word 赋值为字符串"hello world"；i 没有赋值，相当于 undefined。

1. 变量名的命名规则

为变量命名必须符合以下两个规则。

（1）首字符必须是：字母（a~z、A~Z）、下画线（_）。

（2）其他字符可以是：字母（a~z、A~Z）、下画线（_）、数字（0~9）。

2. 保留标识符

以下字符为系统自带字符，是保留标识符，不能作为变量名。

delete、void、typeof、null、undefined、NaN、Infinity、var、if、else、true、false、require、this、function、arguments、return、for、while、do、break、continue、switch、case、default

2.4.3 运算符

运算符包括基本运算符、一元运算符、位运算符、比较运算符、等值运算符、赋值运算符、二元逻辑运算符和其他运算符。

1. 基本运算符

基本运算符包含+（加）、-（减）、*（乘）、/（除）、%（取余）5 个运算符，主要用于数字之间的运算，示例代码如下。

```
var a = 10, b = 20;
// 加法运算
console.log( a + b);
// 减法运算
console.log(a - b);
// 乘法运算
console.log(a * b);
// 除法运算
console.log(a / b);
// 取余运算
console.log(a % b);
```

运行结果分别为：30

```
-10
200
0.5
10
```

此外，加法运算符（+）也可以用作字符串的拼接，示例代码如下。

```
var a = 'hello ' , b = 'world';

// 字符串拼接
console.log( a + b);
```

运算结果为：hello world

2. 一元运算符

一元运算符只需要一个操作数，就能实现自增加、自减少、取正、取负等功能。如 a++的结果还是 a，但是 a 自身的值将增加 1；而++a 的结果为 a+1，a 自身的值也增加 1，示例代码如下。

```
var a = 10, b = 20;
// 自增运算
console.log( a++);
console.log( ++a);
运算结果：10
        12
// 自减运算
var a = 10;
console.log( a--);
console.log( --a);
运算结果：10
         8
// 正值运算
var a = 10;
console.log(+a);
运算结果：10
// 负值运算
var a = 10;
console.log(-a);
运算结果：-10
// 否运算，将数值先加 1，再取反
console.log(-11 ===  ~a);
运算结果：true
// 取反运算，返回布尔值，当 a 为非 0 数，!a 为 false，否则为 ture
console.log( !a);
运算结果：false
// void 运算，返回值为 undefined
console.log(void a);
返回结果：undefined
// typeof 运算，得到变量的数据类型
console.log(typeof a);
返回结果：number
```

3. 位运算符

位运算符主要针对操作数在计算机中存储的二进制来进行左移、右移、取与、取或等操作，举例说明：10<<3 为将数值 10 左移 3 位，10 转换成二进制为 1010，左移三位变成了 1010000，转换成十进制是 80；10&3 为 10 与 3 的二进制按位取与，即如果相同位数全为 1，则取 1；否则取 0，将 10&3 转换成二进制是 1010&11=10，转换成十进制则为 2，因此 10&3=2。示例代码如下。

```
var a = 10;
// 左移运算，转换成二进制并左移，低位补 0
console.log( a << 3);
运算结果：80
// 无符号右移运算，转换成二进制并右移，无论为正数还是负数，高位补 0
console.log(a >> 2);
运算结果：2
// 带符号右移运算，转换成二进制并右移，若为正数，高位补 0；若为负数，高位补 1
console.log(a >>> 2);
运算结果：2
// 与运算，转换成二进制按位取与，即如果相同位数全为 1，则取 1；否则取 0
console.log(a & 3));
运算结果：2
// 异或运算，转换成二进制按位取异或，即如果位数相同，则为 0，否则为 1
console.log(9 === (a ^ 3));
运算结果：9
// 或运算，转换成二进制按位取或，即如果位数全为 0，则为 0；否则为 1
console.log(11 === (a | 3));
运算结果：11
```

4. 比较运算符

比较运算符主要实现的是比较两个操作数的大小的功能，如果满足条件，则返回 true；否则为 false。示例代码如下。

```
var a = 20, b = 30;
// 小于
console.log(a < b);
返回结果：true
// 大于
console.log(a > b);
返回结果：false
// 小于等于
console.log(a <= b);
返回结果：true
// 大于等于
console.log(a >= b);
返回结果：false
```

5. 等值运算符

等值运算符主要实现的是判断两个操作数是否相等的功能，例如，对于 a==b，如果 a 和 b 相等，则为 true；否则为 false。对于 a!=b，如果 a 和 b 不相等，则为 true，否则为 false。示例代码如下。

```
var a = 20, b = 30;
// 等号
console.log(a == b);
返回结果：false
// 非等号
console.log(a != b);
返回结果：true
// 全等号
console.log(a === b);
返回结果：false
// 非全等号
console.log(a !== b);
返回结果：true
```

6. 赋值运算符

赋值运算符主要实现的是给操作数赋予另一个数值，如 a=5 表示将 5 赋值给 a；a*=5 表示将 a 的值乘以 5 之后再赋值给 a。示例代码如下。

```
a = 5; a *= 5;
console.log(a);
返回结果：25
a = 100; a /= 10;
console.log(a);
返回结果：10
a = 100; a %= 13;
console.log(a);
返回结果：9
a = 100; a += 50;
console.log(a);
返回结果：150
a = 100; a -= 110;
console.log(a);
返回结果：-10
a = 10; a <<= 10;
console.log(a);
返回结果：10240
a = 10; a >>= 2;
console.log( a);
返回结果：2
a = 10; a >>>= 2;
console.log(a);
返回结果：2
```

```
a = 10; a &= 3;
console.log(a);
返回结果：2
```

7. 二元逻辑运算符

二元逻辑运算符需要两个操作数，具体运算规则如表 2-4 所示，示例代码如下。

表 2-4　二元逻辑运算符的运算规则

运算符	情形	结果
a&&b	a 非零，b 非零	b
	a 为零，b 非零	0
	a 非零，b 为零	0
	a 为零，b 为零	0
a‖b	a 非零，b 非零	a
	a 为零，b 非零	b
	a 非零，b 为零	a
	a 为零，b 为零	0

```
var a = 10, b = 20;

// 逻辑与
console.log(a && b);
返回结果：20
// 逻辑或
console.log(a || b);
返回结果：10
```

8. 其他运算符

其他运算符主要包括条件运算符和逗号运算符。条件运算符的语法为："条件?值 1:值 2"，如果满足条件，则取值 1；否则取值 2。逗号运算符语法为："表达式 1,表达式 2,…,表达式 *n*"，运算规则为依次运算每个表达式，结果为最后一个表达式的结果，示例代码如下。

```
var a = 20, b = 30;

//条件运算符
console.log(a >= 10 ? a + 10 : b + 10);
返回结果：30
//逗号运算符
console.log(a, b);
返回结果：30
```

2.4.4　控制语句

1. if 语句

if 语句为判断语句，判断表达式满足某种条件时，执行某种语句，主要有以下 3 种情况。

（1）if 语句

if 语句语法如下。

```
if (表达式)语句;
```

表示当表达式的值为真时，执行语句。

（2）if … else 语句

if … else 语句语法如下。

```
if (表达式) 语句 1;
else 语句 2;
```

表示当表达式的值为真时，执行语句 1；否则，执行语句 2。

（3）if…else if…else…语句

If…else if…else…语句语法如下。

```
if(表达式 1){
    代码块 1;
}else if(表达式 2) {
    代码块 2;
}else if(表达式 3) {
    代码块 3;
}else{
    代码块 4;
}
```

表示当满足表达式 1 时，执行代码块 1；当满足表达式 2 时，执行代码块 2；当满足表达式 3 时，执行代码块 3；当所有表达式都不满足时，执行代码块 4，示例代码如下。

```
var a=95;
if(a>=90){
    console.log('a 的值大于等于 90');
}else if(a>=80&&a<90) {
    console.log('a 的值大于等于 80 小于 90');
}else if(a>=70&&a<80) {
    console.log('a 的值大于等于 70 小于 80');
} else if(a>=60&&a<70) {
    console.log('a 的值大于等于 60 小于 70');
} else{
    console.log('a 的值小于 60');
}
```

2. switch 语句

switch 语句的语法如下。

```
switch(表达式){
case 变量:
    语句;
    break;
case 数字:
    语句;
    break;
case 字符串:
```

```
        语句;
        break;
    default:
        语句;
}
```

表示根据表达式的结果来判断执行哪条语句，其中 default 分支可以省略不写，case 关键字后面只能使用变量、数字、字符串，示例代码如下。

```
var number= 100;
switch (number ) {
case '100':
    console.log("该变量为字符串'100'");
    break;
case 100:
    console.log("该变量为数值 100");
    break;
case number:
    console.log("该变量为 number ");
    break;
default:
    console.log("default");
}
```

3. for 语句

for 语句的语法如下。

```
for (语句;语句;语句){
  代码块;
}
```

for 语句支持使用 break、continue 关键字，示例代码如下。

```
var sum=0;
for (var i = 1; i < =10; i--) {
    sum+=i;
    console.log(sum);
    if( i >= 5) break;
}
```

运算结果为：1
3
6
10
15

4. while 语句

while 语句的语法如下。

```
while(表达式){
  代码块;
}
```

当表达式为 true 时，循环执行语句或代码块，支持使用 break、continue 关键字，示例代码如下。

```
var sum=0,i=0;
while (i<=5) {
sum+=i;
console.log(sum);
i++;
    if( i >= 3) break;
}
```

返回结果为：0
1
3

2.4.5 数据类型

WXS 语言目前共有以下 8 种数据类型，如表 2-5 所示。

表 2-5 WXS 语言的数据类型

序号	类型	描述	语法
1	number	数值型	包括两种数值：整数和小数
2	string	字符串	可以使用单引号和双引号
3	boolean	布尔值	有两个特定值：true 和 false
4	object	对象	一种无序的键值对，可以包含其他数据类型
5	function	函数	使用 function 来定义，可以带参数，也可以不带参数
6	array	数组	可以生成空数组和非空数组
7	date	日期	通过使用 getDate()函数生成一个 date 对象
8	regexp	正则	通过使用 getRegExp()函数生成一个 regexp 对象

2.5 Flex 布局

Flex（flexible box）称为弹性盒子，用来为盒模型提供最大的灵活性。任何一个容器都可以指定为 Flex 布局，Flex 布局也称为弹性布局。

2.5.1 基本概念

采用 Flex 布局的元素称为 Flex 容器（flex container），简称“容器”。Flex 容器的所有子元素自动成为容器成员，称为 Flex 项目（flex item），简称“项目”。容器默认存在两个轴：水平的主轴（main axis）和垂直的交叉轴（cross axis）。主轴的开始位置（与边框的交叉点）称为 main start，结束位置称为 main end；交叉轴的开始位置称为 cross start，结束位置称为 cross end。项目默认沿主轴排列。单个项目占据的主轴空间称为 main size，占据的交叉轴空间称为 cross size，如图 2-3 所示。

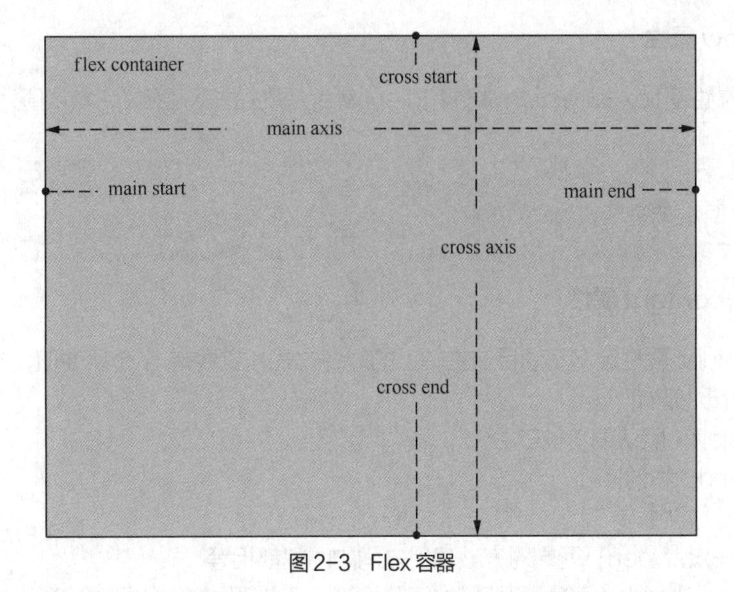

图 2-3　Flex 容器

2.5.2　容器属性

容器主要有 6 个属性：flex-direction、flex-wrap、flex-flow、justify-content、align-items、align-content。

1. flex-direction 属性

flex-direction 属性决定主轴的方向（项目的排列方向），示例代码如下。

```
.box {
  flex-direction: row | row-reverse | column | column-reverse;
}
```

该属性有 4 个属性值，具体介绍如下。

（1）row（默认值）：主轴为水平方向，起点在左端。

（2）row-reverse：主轴为水平方向，起点在右端。

（3）column：主轴为垂直方向，起点在上沿。

（4）column-reverse：主轴为垂直方向，起点在下沿。

2. flex-wrap 属性

默认情况下，项目都排在一条线（又称“轴线”）上。flex-wrap 属性有 3 个属性值，对应 3 种换行方式。

（1）nowrap（默认）：不换行。

（2）wrap：换行，第一行在上方。

（3）wrap-reverse：换行，第一行在下方。

示例代码如下。

```
.box{
  flex-wrap: nowrap | wrap | wrap-reverse;
}
```

3. flex-flow 属性

flex-flow 属性是 flex-direction 属性和 flex-wrap 属性的简写形式，默认值为 row nowrap。示例代码如下。

```
.box {
  flex-flow: <flex-direction> <flex-wrap>;
}
```

4. justify-content 属性

justify-content 属性定义了项目在主轴上的对齐方式，主要有 5 个属性值，当主轴方向为从左到右时，5 个属性值如下。

（1）flex-start（默认值）：左对齐。

（2）flex-end：右对齐。

（3）center：居中。

（4）space-between：两端对齐，项目之间的间隔都相等。

（5）space-around：每个项目两侧的间隔相等，所以项目之间的间隔比项目与边框的间隔大一倍。

示例代码如下。

```
.box {
  justify-content: flex-start | flex-end | center | space-between | space-around;
}
```

5. align-items 属性

align-items 属性定义项目在交叉轴上的对齐方式，主要有 5 个属性值，当交叉轴方向为从上到下时，5 个属性值如下。

（1）flex-start：交叉轴的起点对齐。

（2）flex-end：交叉轴的终点对齐。

（3）center：交叉轴的中点对齐。

（4）baseline：项目的第一行文字的基线对齐。

（5）stretch（默认值）：如果项目未设置高度或设为 auto，将占满整个容器的高度。

示例代码如下。

```
.box {
    align-items: flex-start | flex-end | center | baseline | stretch;
}
```

6. align-content 属性

align-content 属性定义了多个轴线的对齐方式。如果项目只有一个轴线，该属性不起作用。该属性主要有如下 6 个属性值。

（1）flex-start：与交叉轴的起点对齐。

（2）flex-end：与交叉轴的终点对齐。

（3）center：与交叉轴的中点对齐。

（4）space-between：与交叉轴两端对齐，轴线之间的间隔平均分布。

（5）space-around：每个轴线两侧的间隔都相等，所以轴线之间的间隔比轴线与边框的间隔大一倍。

（6）stretch（默认值）：轴线占满整个交叉轴。

示例代码如下。

```
.box {
    align-content: flex-start | flex-end | center | space-between | space-around | stretch;
}
```

2.6 案例：记事本小程序

2.6.1 案例分析

记事本小程序是通过微信小程序的形式去展现记事本的功能，本案例实现了事件列表的展示，以及添加、删除、修改事件的功能，如图 2-4 所示。

（a）首页

（b）编辑页面

图 2-4 “我的记事本”页面展示

记事本小程序的首页由如下两个区域组成。

（1）展示栏：展示多条事件。

（2）添加按钮：通过“+”按钮进入事件添加页面。

记事本小程序的编辑页面由如下两个区域组成。

（1）输入框：输入需要记录的内容。

（2）确定按钮：通过单击“确定”按钮回到首页。

下面通过子任务分别实现上面的功能。

新建一个空项目，项目名称为“我的记事本”，设置全局的页面格式，代码如下。

```
{
  "pages":[
    "pages/index/index",//增加首页页面
    "pages/detail/detail",//增加编辑页面
```

```
        "pages/logs/logs"
    ],
    "window":{
        "backgroundTextStyle":"light",//设置背景色
        "navigationBarBackgroundColor": "#fff",//设置导航栏背景色
        "navigationBarTitleText": "我的记事本",//设置导航栏标题
        "navigationBarTextStyle":"black"//设置导航栏标题颜色
    },
    "style": "v2",
    "sitemapLocation": "sitemap.json"
}
```

2.6.2 任务 1——首页的实现

1. 页面布局的实现

要求如下。

(1) 页面事件的展示。

(2) 删除、修改、取消操作层的实现。

具体操作如下。

(1) 在 index.js 文件中定义变量和初始展示内容，代码如下。

```
Page({
  /**
   * 页面的初始数据
   */
  data: {
    ItemList: ''
  },
  /*生命周期函数——监听页面加载*/
  onLoad: function (options) {
    var _this = this
    if(options.first != 0){
      // console.log('第一次执行，后续不再执行')
      wx.setStorage({
        data: [{
          id: 0,
          text: '学习 Vue 的 uniApp 制作跨端小程序（一）',
          time: '2021/02/06 00:53:29',
          handle: false
        },{
          id: 1,
          text: '学习 Vue 的 uniApp 制作跨端小程序（二）',
          time: '2021/01/06 00:53:29',
          handle: false
        },{
          id: 2,
```

```
                text: '下午 3:00 学习 Vue 的 uniApp 制作跨端小程序（三）',
                time: '2021/02/16 00:53:29',
                handle: false
            }],
            key: 'ItemList',
        })
    }else{
        console.log('第一次进入,不执行')
    }
    wx.getStorage({
        key: 'ItemList',
        success (res) {
            console.log(res.data)
            _this.setData({
                ItemList: res.data
            })
        }
    })
  }
})
```

在上述 onLoad()中，判断当前页面路由是否有数据进入，主要判断当前路由携带值 first 是否为 0，如果 first 为 0，则表示有数据进入，页面组件默认数据不会再一次覆盖原有缓存；如果 first 不为 0，则表示无数据进入，此时默认数据通过 wx.setStorage 存储至缓存中，然后通过 wx.getStorage 获取缓存数据，并在成功回调时将数据保存到当前页面 ItemList 中。

（2）在 index.wxml 中使用 wx:for 渲染展示 Itemlist 中的数据，代码如下。

```
<block wx:for="{{ItemList}}" wx:key="normal">
  <view class="item">
    <view class="item_info">
      <view class="item_info_title">{{item.text}}</view>
      <view class="item_info_time">{{item.time}}</view>
    </view>
  </view>
</block>
```

（3）在 index.wxml 中添加更多图片用于调出删除、修改、取消功能，代码如下。

```
<view bindtap="handleItem" class="item_btn" data-index="{{item.id}}">
    <image src="../../image/moreread.png"></image>
</view>
```

（4）在 index.js 文件中添加 handleItem()点击事件函数，代码如下。

```
  // 显示操作菜单
  handleItem (e) {
    var iten_id = e.currentTarget.dataset.index,
        u_data = this.data.ItemList;
    console.log(iten_id);
    for(let i=0; i<u_data.length; i++){
      if(u_data[i].id == iten_id){
        u_data[i].handle = true
```

```
        }else{
          u_data[i].handle = false
        }
      }
      // console.log(u_data[0])
      this.setData({
        ItemList: u_data
      })
    }
```

（5）在 index.wxml 文件中添加删除、修改、取消的操作层界面展示功能，删除功能绑定 deleteItem 事件，修改功能绑定 upItem 事件，取消功能绑定 cancleBtn 事件，代码如下。

```
<!--操作层-->
<view class="operation_box" wx:if="{{item.handle}}">
    <view bindtap="deleteItem" data-index="{{item.id}}">删除</view>
    <view bindtap="upItem" data-index="{{item.id}}">修改</view>
    <view bindtap="cancelBtn" data-index="{{item.id}}">取消</view>
</view>
```

（6）在 index.js 文件中添加删除、修改、取消的事件函数，代码如下。

```
  // 删除按钮
  deleteItem(e){
    var s_id = e.currentTarget.dataset.index;
    var data = this.data.ItemList;
    var n = 0;
    for(let i=0;i<data.length;i++){
      if(data[i].id == s_id){
        n = i
        break
      }
    }
    data.splice(n,1)
    this.setData({
      ItemList: data
    })
  },
  // 修改按钮
  upItem(e){
    var s_id = e.currentTarget.dataset.index;
    var data = this.data.ItemList;
    var n = 0;
    var item = [ ];
    for(let i=0;i<data.length;i++){
      if(data[i].id == s_id){
        n = i
      }
    }
    item = data[n]
    wx.navigateTo({
```

```
            url: '../detail/detail?id=' + item.id
        })
    },
    // 取消按钮
    cancelBtn (e) {
        var data = this.data.ItemList;
        for(let i=0;i<data.length;i++){
            data[i].handle = false
        }
        this.setData({
            ItemList: data
        })
    }
```

2. “+”按钮的实现

（1）在 inden.wxml 中添加“+”按钮，并绑定点击事件 addItem，代码如下。

```
<view class="addBtn" bindtap="addItem">
    <image src="../../image/add.png"></image>
</view>
```

（2）在 index.js 文件中定义 addItem 事件，该事件主要通过 wx.navigateTo 跳转至详情页面并携带值 id，代码如下。

```
 // 添加新的事物列表
addItem(){
    wx.navigateTo({
        url: '../detail/detail?id='+this.data.ItemList.length
    })
}
```

以上代码的实现效果如图 2-5 所示。

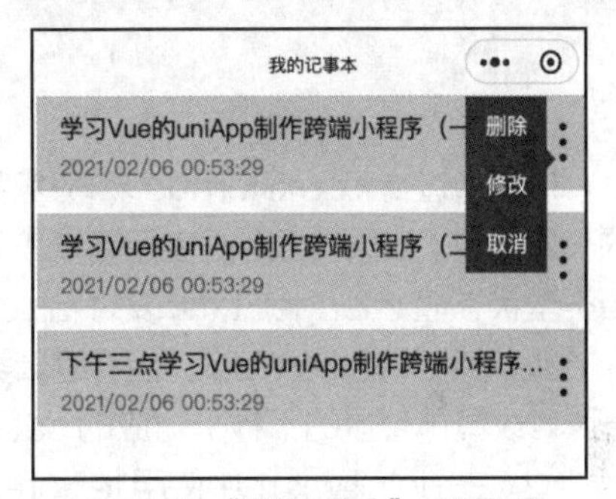

图 2-5 “我的记事本”局部界面

2.6.3 任务 2——编辑页面的实现

要求如下。

（1）在输入框输入事件信息。

（2）单击“确定”按钮跳转至首页，并将数据传给首页。

具体操作如下。

（1）在 detail.js 文件中定义变量和初始化展示内容，代码如下。

```
var util = require('../../utils/util');
Page({
  data: {
    itemList: '',// 总数据
    changeState: '',// 修改或新增状态表示（true 表示修改，false 表示新增）
    changeItem: '',// 修改的具体数据
    addItem: ''// 输入框的数据
  }
  /*页面加载*/
```

```
    onLoad: function (options) {
      var _this = this
      wx.getStorage({
        key: 'ItemList',
        success (res) {
          var data = res.data
          if(options.id == data.length){
            console.log('新增记录')
            _this.setData({
              itemList: data,
              changeState: false
            })
          }else{
            console.log('修改记录')
            _this.setData({
              itemList: data,
              changeState: true,
              changeItem: data[options.id].text
            })
          }
        }
      })
    }
```

这里通过 wx.getStorage 获取缓存数据并赋值给变量 data，判断当前路由携带值是否与 data 的长度一致，如果一致，则表示新增信息，将 data 设置给 page 的 data 字段中的 itemList，将编辑类型状态值 changeState 设为 false；如果不一致，则表示修改信息，仍然将 data 设置给 page 的 data 字段中的 itemList，但将编辑类型状态值 changeState 设为 true，并且将当前路由携带值（修改具体位置的下标）对应的 data 赋值给文本数据框默认值 changeItem。

（2）在 detail.wxml 中使用 textarea 组件定义输入框，并绑定获取输入框文字事件，代码如下。

```
<textarea
  id="textBox"
  cols="30"
  rows="10"
  placeholder="请输入想记录的内容"
  bindinput="textBox"
  value="{{changeItem}}"
  auto-focus="true"
></textarea>
```

（3）在 detail.js 文件中定义获取输入框文字事件函数，使用 setData()函数将当前输入的文字传递给 addItem，代码如下。

```
  // 获取输入框值
  textBox(e){
    this.setData({
      addItem: e.detail.value
    })
  }
```

（4）在 detail.wxml 文件中添加“确定”按钮，并绑定 submitBtn 事件，代码如下。

```
<view class="submitBtn" bindtap="submitBtn">确定</view>
```

（5）在 detail.js 文件中定义 submitBtn 事件，代码如下。

```
submitBtn(){
    var _this = this,
        data = _this.data.itemList
    // 修改数据执行
    if(_this.data.changeState){
      data[_this.options.id].text = _this.data.addItem
      data[_this.options.id].time = util.formatTime(new Date())
      wx.setStorage({
        data: data,
        key: 'ItemList',
        success(res) {
          _this.jumpPage()
        }
      })
    }else{// 新增数据执行
      var item = {
        id: _this.options.id,
        text: _this.data.addItem,
        time: util.formatTime(new Date()),
        handle: false
      }
      data.push(item)
      wx.setStorage({
        data: data,
        key: 'ItemList',
        success (res){
          _this.jumpPage()
        }
      })
    }
  },
  jumpPage() {
    wx.redirectTo({
      url: '../index/index?first=0',
    })
  }
})
```

以上代码首先判断页面编辑类型，当页面编辑类型为修改数据时，根据当前路由携带值修改 itemList 指定下标对应的数据，使用 wx.setStorage 设置缓存，成功回调跳转页面至首页并携带值 first=0；当为新增数据时，设置空数组 item，并利用 push 追加进 itemList 中，使用 wx.setStorage 设置缓存，成功回调跳转页面至首页并携带值 first=0。

2.7 小 结

本章完成了记事本小程序的制作，首先介绍了要完成本案例需要的知识，包括逻辑层、视图层的相关知识，WXML 和 WXS 的相关语法及 Flex 布局的相关知识等，然后通过一些示例演示了相关知识的基本使用方法，最后对记事本小程序进行了需求分析与设计，把整个任务分解成首页和编辑页面两个子任务来实现。通过学习这些内容，读者应基本掌握微信小程序的框架结构、数据绑定、事件的使用方法及逻辑层与视图层的交互原理，在面对类似项目的开发时能够做到举一反三。

2.8 课后习题

一、单选题

1. 下列选项中可以通过调用微信小程序开发中（　　）API，实现页面与页面之间的跳转。
   A. wx.navigateTo　　B. wx.navigate
   C. wx.navigatorTo　　D. wx.navigator
2. 在微信小程序目录结构中，样式文件是（　　）文件。
   A. .js　　B. .json　　C. .wxss　　D. .wxml
3. 在微信小程序页面样式文件中，不能用作 wxss 元素尺寸单位的是（　　）。
   A. rpx　　B. px　　C. vh　　D. Rpx
4. 微信小程序中的 Flex 布局，通过（　　）属性控制排列方向。
   A. flex　　B. flex-direction　　C. align-item　　D. justify-content
5. 在微信小程序模块化开发中，（　　）组件用来定义模板。
   A. <view>　　B. <model>　　C. <component>　　D. <template>
6. 微信小程序中，模板通过<template>的（　　）属性导入模板所需要的数据。
   A. value　　B. data　　C. data-item　　D. item
7. 在微信小程序模块开发中，通过（　　）语法对外暴露接口。
   A. export　　B. import　　C. require　　D. moudle.exports
8. 在微信小程序模块开发中，通过（　　）语法引入模块。
   A. import(path)　　B. exports
   C. moudle.exports　　D. require(path)

二、多选题

1. 下面对于小程序中 index.js 文件的说法中正确的有（　　）。
   A. index.js 文件是页面级注册的逻辑代码
   B. index.js 文件通过 Page({})完成页面的注册
   C. 在 index.js 文件中，通过调用 getApp()函数获取小程序应用示例
   D. index.js 文件是应用级注册的逻辑代码
2. 下面对于小程序 app.js 文件的说法中正确的有（　　）。
   A. app.js 文件是一个应用级逻辑代码文件
   B. app.js 文件通过 App({})函数定义应用程序，通过 getApp()函数来获取应用

C. getApp()函数返回的是对象

D. App()必须在 app.js 中注册，且不能注册多个

3. 下面对于微信小程序目录结构的说法中，正确的有（　　）。

A. app.wxss 表示公共样式文件

B. index.wxss 表示页面样式文件

C. app.js 应用逻辑配置文件

D. index.js 应用逻辑代码文件

三、判断题

1. WXSS 具有 CSS 大部分特性，并在此基础上进行了一些扩充和修改。(　　)

2. WXML 和 WXSS 文件类似于网页开发中的 HTML 和 CSS 文件。(　　)

3. 不能在 App()函数中调用 getApp()，使用 this 对象就可以获取 App 实例。(　　)

4. <view>和<text>标签属于双边标签，由开始标签和结束标签两部分组成。(　　)

5. 微信小程序提供了全局的 getApp()函数，可以获取到小程序实例。(　　)

6. WXSS 支持使用选择器来为某个元素设置样式，其使用方法和 CSS 选择器基本相同。(　　)

7. require("path")引入模块代码，其中 path 路径不可以是绝对路径。(　　)

四、填空题

1. 在微信小程序页面结构中，(　　) 布局方式被称作弹性盒子布局。

2. 在微信小程序 Flex 布局中，(　　) 用来设置横向坐标轴上的对齐方式。

3. 在微信小程序开发过程中，(　　) 标签是页面结构中的根标签。

五、简答题

1. 请简单介绍微信小程序 Flex 布局的使用方法。

2. 请使用条件渲染显示成绩的等级。

第3章 校园新闻网小程序

内容导学

微信小程序开发过程中经常要用到组件，开发者可以通过组合这些基础组件进行快速开发。什么是组件呢？组件是视图层的基本组成单元，可分为基础组件与用户自定义组件，基础组件自带一些功能与微信风格相同的样式。微信小程序框架里面提供了很多基础组件，这些基础组件就像积木一样，我们使用组件来搭建小程序界面，每种组件都有不同的用处。

本章通过校园新闻网小程序案例，引导读者通过基础组件逐步去实现小程序首页导航栏、分类栏、轮播图、新闻列表、回到顶部功能等。通过对实际案例的任务分析与操作，读者能够更好地掌握微信小程序中组件的使用方法，学会如何使用 swiper 和 scroll-view 等基础组件解决实际问题。

学习目标

① 熟练使用 view（视图容器）组件对页面进行布局。
② 熟练使用 scroll-view（滚动视图）组件实现页面滚动功能。
③ 熟练使用 swiper（滑块视图）组件实现轮播图功能。
④ 掌握 icon（图标）组件的使用方法。
⑤ 掌握 text（文本）组件的使用方法。
⑥ 了解 progress（进度条）组件的使用方法。
⑦ 掌握 navigator（导航）组件的使用方法。
⑧ 掌握开发小程序的步骤。
⑨ 能够对校园新闻网小程序进行分析及代码实现。

3.1 视图与基础组件

3.1.1 视图容器（view）组件

view 是最常用的、最简单的视图容器组件之一。它是一个块级容器组件，主要用于布局展示，是布局中最基本的 UI 组件。绝大多数复杂的布局可以通过嵌套 view 来实现。

所有组件都支持的属性称为公共属性，组件的公共属性如表 3-1 所示。

表 3-1 组件的公共属性

属性	类型	描述	注解
id	string	组件的唯一标识	保持整个页面唯一
class	string	组件的样式类	在对应的 WXSS 中定义的样式类
style	string	组件的内联样式	可以动态设置的内联样式
hidden	boolean	组件是否显示	所有组件默认显示
data-*	任意	自定义属性	组件上触发事件时，会发送给事件处理函数
bind* / catch*	eventhandle	组件的事件	详见 2.2.3 节“页面事件”

每种组件除了这些公共属性外，还有自己的私有属性。学习微信小程序开发一个很重要的方面就是要熟悉这些组件的属性。下面介绍 view 组件的私有属性，如表 3-2 所示。

表 3-2 view 组件的私有属性

属性	类型	默认值	是否必填	说明
hover-class	string	none	否	指定 view 组件按下去的样式类。当 hover-class="none"时，没有点击态效果
hover-stop-propagation	boolean	false	否	指定是否阻止本节点的祖先节点出现点击态
hover-start-time	number	50	否	按住 view 组件后多久出现点击态，单位为毫秒
hover-stay-time	number	400	否	手指松开 view 组件后点击态保留时间，单位为毫秒

下面通过一个示例演示 view 组件的使用。本示例中在页面上有 3 个区域，其中第 1 个区域有一个 view 组件，通过设置 hover-class 属性表示当单击此 view 时样式发生改变；第 2 个区域由 2 个 view 组件嵌套组成，其中内层 view 组件通过将 hover-stop-propagation 属性设置为 true，阻止了事件冒泡，因此单击该区域时，样式不会发生改变；第 3 个区域有一个 view 组件，通过设置 hover-start-time 属性和 hover-stay-time 属性分别设置了按住 5 秒后改变样式和松开 4 秒后样式消失。下面分步骤介绍，示例代码如下。

第一步：创建一个空项目，在 index.wxml 文件中写入如下页面结构代码。

```
<view class="box" hover-class="change1">
    点击改变样式
</view>
<view class="box" hover-class="change2">
    <view class="child" hover-stop-propagation="true">
        点击白色区域不会触发状态改变
    </view>
</view>
<view class="box"  hover-class="change3" hover-start-time="5000" hover-stay-time="4000">
    按住 5 秒后出现点击状态，并且松开 4 秒后点击状态消失。
</view>
```

第二步：在 index.wxss 页面样式文件中写入如下样式代码。

```
box{
        margin:20rpx;
}
.change1{
          font-size: 12px;
}
.change2{
          font-weight: 400;
}
.change3{
          background: red;
}
```

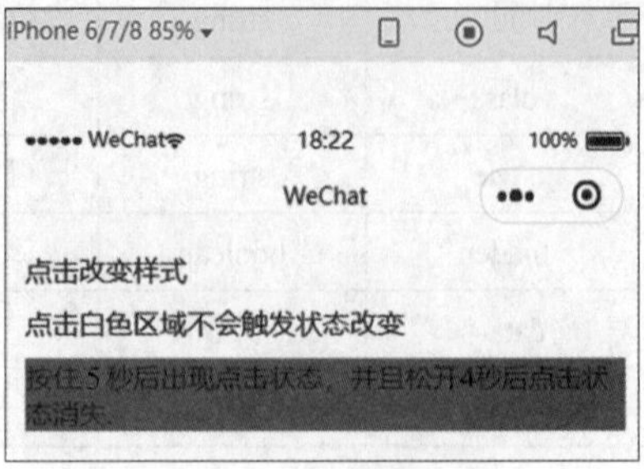

图 3-1　view 属性演示

运行以上代码，效果如图 3-1 所示。

view 组件一个很重要的作用是进行页面布局，其使用方法与<div>标签类似。下面通过一个示例演示如何使用 view 组件对页面进行布局，该示例中通过 Flex 布局在页面上演示了横向和纵向两种布局方式。

第一步：在 app.json 文件的 pages 数组中添加一个称为 flex 的成员。保存刷新后，项目中会出现一个名称为 flex 的页面。

第二步：打开 flex.wxml 文件，写入如下页面结构代码。

```
<view class="page-section">
    <view class="page-section-title">
      <text>flex-direction: row\n 横向布局</text>
    </view>
    <view class="page-section-spacing">
      <view class="flex-wrp-row">
        <view class="flex-item1">1</view>
        <view class="flex-item2">2</view>
        <view class="flex-item3">3</view>
      </view>
    </view>
</view>
<view class="page-section">
    <view class="page-section-title">
      <text>flex-direction: column\n 纵向布局</text>
    </view>
    <view class="flex-wrp-column">
      <view class="flex-item-V1">1</view>
      <view class="flex-item-V2">2</view>
      <view class="flex-item-V3">3</view>
    </view>
</view>
```

第三步：打开 flex.wxss 文件，写入如下样式代码。

```
.flex-wrp-row{
  display: flex;
  flex-direction: row;     //横向布局
}
```

```
.flex-item1{
  flex: 1;
  height: 100px;
  background-color: red;
}
.flex-item2{
  flex: 1;
  height: 100px;
  background-color:green;
}
.flex-item3{
  flex: 1;
  height: 100px;
  background-color:blue;
}
.flex-wrp-column{
  display: flex;
  flex-direction: column;    //纵向布局
  height: 300px;
  width: 100%;
}
.flex-item-V1{
  height: 100px;
  background-color: red;
}
.flex-item-V2{
  height: 100px;
  background-color:green;
}
.flex-item-V3{
  height: 100px;
  background-color:blue;
}
```

保存以上代码，运行后页面显示结果如图 3-2 所示。

图 3-2　使用 view 组件进行页面布局

【课堂实践 3-1】

请在上述 view 页面布局代码基础上实现以下扩展：在横向布局的一块区域中完成纵向布局，在纵向布局的一块区域中完成横向布局。

3.1.2　滚动视图（scroll-view）组件

滚动视图（scroll-view）组件的滚动方向分为水平和垂直。当页面上无法完整显示所有内容时，可把内容放入 scroll-view 组件中，允许用户通过滚动的方式查看内容。一般垂直滚动使用得较多。注意：滚动视图垂直滚动时一定要设置高度，否则 scroll-view 组件不会生效。scroll-view 组件主要属性见表 3-3。

表 3-3　　scroll-view 组件主要属性

属性	类型	默认值	是否必填	说明
scroll-x	boolean	false	否	允许横向滚动
scroll-y	boolean	false	否	允许纵向滚动
scroll-top	number/string		否	设置竖向滚动条位置
scroll-left	number/string		否	设置横向滚动条位置
scroll-into-view	string		否	值应为某子元素 id（id 不能以数字开头）。设置哪个方向可滚动，则在哪个方向滚动到该元素
scroll-with-animation	boolean	false	否	在设置滚动条位置时使用动画过渡
refresher-enabled	boolean	false	否	开启自定义下拉刷新
show-scrollbar	boolean	true	否	滚动条显隐控制（同时开启 enhanced 属性后生效）
bindscrolltoupper	eventhandle		否	滚动到顶部/左边时触发
bindscrolltolower	eventhandle		否	滚动到底部/右边时触发
bindscroll	eventhandle		否	滚动时触发，event.detail = {scrollLeft, scrollTop, scrollHeight, scrollWidth, deltaX, deltaY}
bindrefresherpulling	eventhandle		否	自定义下拉刷新控件被下拉
bindrefresherrefresh	eventhandle		否	自定义下拉刷新控件被触发

下面通过一个示例演示 scroll-view 组件属性的使用方法。本示例中在页面上有一个展示诗词的区域，该区域的高度是 200px，但是诗词的内容高度超出了该区域的高度，使用 scroll-view 组件可以解决这个问题。另外，通过绑定 bindscrolltoupper 事件处理函数，当内容向上滚动到页面顶部时会弹出一个消息提示框，提示用户已经滚动到了页面顶部。下面分步骤介绍示例代码。

第一步：创建一个空项目，在 index.wxml 文件中写入如下页面结构代码。

```
<view>
    <!-- 添加可滚动区域、scroll-y 设置容器纵向滚动、refresher-default-style="white"设置下拉刷新颜色、滚动到顶部提示用户 -->
    <scroll-view class="scroll-box" scroll-y refresher-enabled="true" refresher-default-style="white" bindscrolltoupper="top">
        <view class="viewBox">《木兰花令 · 拟古决绝词》</view>
        <view class="viewBox">清 · 纳兰性德</view>
        <view class="viewBox">人生若只如初见，何事秋风悲画扇。</view>
        <view class="viewBox">等闲变却故人心，却道故心人易变。</view>
        <view class="viewBox">骊山语罢清宵半，泪雨零铃终不怨。</view>
        <view class="viewBox">何如薄幸锦衣郎，比翼连枝当日愿。</view>
    </scroll-view>
</view>
```

第二步：打开 index.wxss 文件，写入如下页面样式代码。

```
.scroll-box{
    height:200px;
    background-color: #ccc;
}
```

```
.viewBox{
    height: 50px;
    width: 100%;
    text-align: center;
}
```

第三步：打开 index.js 文件，编写 scroll-view 组件滚动到页面顶部时的事件处理函数（注意这里使用了 wx.showToast 提示框 API）。具体代码如下。

```
//事件处理函数
top:function(){
    wx.showToast({
        title: '已滚动到最顶部',
        icon: 'success',
        duration: 2000
    })
}
```

保存以上代码，执行效果如图 3-3 所示。

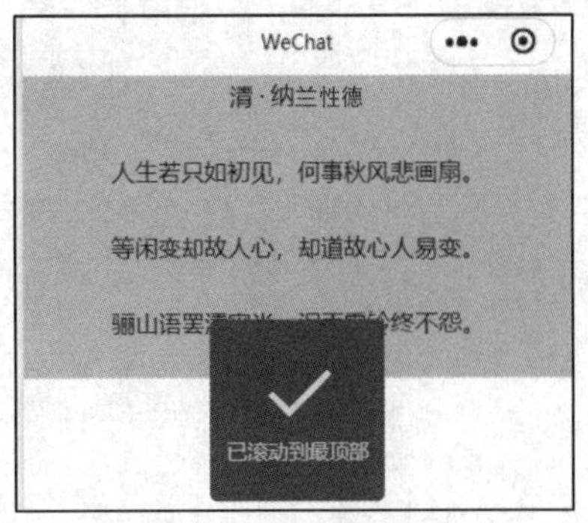

图 3-3　scroll-view 组件演示

3.1.3　滑块视图容器（swiper）组件

视图容器（swiper）组件用来在指定区域切换显示内容，一般用来制作轮播图或标签页切换效果。需要注意其中只可放置 swiper-item 组件，否则会出现未定义的行为。swiper 组件主要属性如表 3-4 所示。

表 3-4　swiper 组件主要属性

属性	类型	默认值	是否必填	说明
indicator-dots	boolean	false	否	是否显示面板指示点
indicator-color	color	rgba(0, 0, 0, .3)	否	指示点颜色
indicator-active-color	color	#000000	否	当前选中的指示点颜色
autoplay	boolean	false	否	是否自动切换
current	number	0	否	当前所在滑块的 index
interval	number	5000	否	自动切换时间间隔
duration	number	500	否	滑动动画时长
circular	boolean	false	否	是否采用衔接滑动
vertical	boolean	false	否	滑动方向是否为纵向
previous-margin	string	"0px"	否	前边距，可用于露出前一项的一小部分，接受 px 和 rpx 值
display-multiple-items	number	1	否	同时显示的滑块数量
bindchange	eventhandle		否	current 改变时会触发 change 事件，event.detail = {current, source}

下面通过一个示例演示 swiper 组件的使用方法。本示例通过 swiper 组件实现轮播图，设置

了轮播图的切换效果及指示点的样式。另外，还可以通过页面上的开关选择器（在本书的 4.1.8 节详细介绍）控制是否自动播放和每次展示的图片数量。下面分步骤介绍示例代码。

第一步：创建一个空项目，在 index.wxml 文件中写入如下页面结构代码。

```
<!-- 添加轮播效果、设置指示点可见、动态绑定是否自动切换、动态绑定同时展示滑块数 -->
<swiper indicator-dots="true" indicator-active-color="#333" autoplay="{{autoplay}}" duration="500"
circular="true" display-multiple-items="{{num}}">
    <swiper-item class="swiperItem">
      <image src="/images/lion.jpg"></image>
    </swiper-item>
    <swiper-item class="swiperItem">
      <image src="/images/panda.jpg"></image>
    </swiper-item>
    <swiper-item class="swiperItem">
      <image src="/images/cat.jpg"></image>
    </swiper-item>
</swiper>
<!-- 添加开关，控制轮播是否自动切换 -->
<view >
    <switch  bindchange="changeAutoplay" />  <!-- //绑定事件处理函数 -->
    <view>开启自动切换</view>
</view>
<view >
    <switch  bindchange="changeNum" />      <!-- //绑定事件处理函数 -->
    <view>同时展示两个滑块</view>
</view>
```

第二步：打开 index.wxss 文件，写入如下页面样式代码。

```
swiper{
    height:250px;
}
image{
    width: 100%;
}
```

第三步：打开 index.js 文件，写入如下代码。

```
Page({
    data: {
      autoplay: false,//是否自动切换,默认为 false
      num:1//同时显示滑块数量,默认为 1
    },
    changeAutoplay() {
      this.setData({
        autoplay: !this.data.autoplay    //通过对前面的标识变量取反，改变自动播放状态
      })
    },
    changeNum(e) {
      var n;
      //console.log(e.detail.value) //可通过输出参数 e，认识其数据组织结构
      if(e.detail.value==true){   //如果设置该开关为真，则一次显示两张图片
```

```
        n=2;
      }else{
        n=1;
      }
      console.log(n)
      this.setData({
        num:n
      })
    },
  })
```

保存以上代码，执行效果如图 3-4 所示。这里通过修改 autoplay 的值控制是否自动切换，选择页面上的 switch 组件，控制 autoplay 的值。

图 3-4　swiper 组件演示

3.1.4　图标（icon）组件

微信小程序提供了丰富的图标（icon）组件，这些图标组件可以用于不同的场景，有成功、提示、警告、等待等不同样式。icon 组件主要属性如表 3-5 所示。

表 3-5　icon 组件主要属性

属性	类型	默认值	是否必填	说明
type	string		是	icon 的类型，有效值：success、success_no_circle、info、warn、waiting、cancel、download、search、clear
size	number/string	23	否	icon 的大小，默认单位为 px
color	string		否	icon 的颜色，同 CSS 的 color

下面通过一个示例演示 icon 组件使用方法。本示例中在页面上依次展示了成功、提示、普通警告、强烈警告、等待等 5 种小图标。在实际项目开发中，开发者可根据要求选择对应的图标。下面分步骤介绍示例代码。

第一步：创建一个空项目，在 index.wxml 文件中写入如下页面结构代码。

```
  <view class="icon-box">
    <icon type="success" size="100"></icon>     <!--显示成功小图标 -->
    <view class="icon-box-ctn">
      <view class="icon-box-title">成功</view>
      <view class="icon-box-desc">用于表示操作顺利完成</view>
    </view>
  </view>
  <view class="icon-box">
    <icon type="info" size="100"></icon>   <!--显示提示小图标 -->
    <view class="icon-box-ctn">
      <view class="icon-box-title">提示</view>
      <view class="icon-box-desc">用于表示信息提示；也常用于缺乏条件的操作拦截，提示用户所需信息</view>
    </view>
  </view>
```

```
    <view class="icon-box">
      <icon type="warn" size="100" color="#C9C9C9"></icon>   <!--显示普通警告小图标 用颜色与强烈警告小图标区分 -->
      <view class="icon-box-ctn">
        <view class="icon-box-title">普通警告</view>
        <view class="icon-box-desc">用于表示操作后将引起一定后果的情况；也用于表示由于系统原因而造成的负向结果</view>
      </view>
    </view>
    <view class="icon-box">
      <icon type="warn" size="100"></icon>      <!--显示强烈警告小图标 -->
      <view class="icon-box-ctn">
        <view class="icon-box-title">强烈警告</view>
        <view class="icon-box-desc">用于表示用户造成的负向结果；也用于表示操作后将引起不可挽回的严重后果的情况</view>
      </view>
    </view>
    <view class="icon-box">
      <icon type="waiting" size="100"></icon>   <!--显示等待小图标 -->
      <view class="icon-box-ctn">
        <view class="icon-box-title">等待</view>
        <view class="icon-box-desc">用于表示等待，告知用户结果需等待</view>
      </view>
    </view>
```

第二步：打开 index.wxss 文件，写入如下样式代码。

```
.icon-box{
  width: 100%;
  height:100px;
  border: 1px solid #ccc;
}
.icon-box-ctn{
  width: 70%;
  float: right;
}
.icon-box-title{
  height:25px;
  line-height: 25px;
  color:#000;
  font-size: 20px;
  font-weight: bold;
}
.icon-box-desc{
  line-height: 20px;
  font-size: 16px;
  color:#666;
}
```

保存以上代码，执行效果如图 3-5 所示。

图 3-5 icon 组件演示

3.1.5 文本（text）组件

文本组件的使用相对比较简单，当页面上需要显示文字内容时，可使用 text 组件。需要注意的是 text 组件内只支持 text 嵌套，除文本节点外的其他节点都无法长按选中。另外，text 组件支持转义字符，例如当内容中有“\n”时，在页面上会显示为换行而不是直接输出“\n”。text 组件主要属性如表 3-6 所示。

表 3-6　　text 组件主要属性

属性	类型	默认值	是否必填	说明
user-select	boolean	false	否	文本是否可选，该属性会使文本节点显示为 inline-block
space	string		否	显示连续空格

下面通过一个示例演示 text 组件的属性使用方法。该示例在页面上显示每天安排的计划内容，每行显示一个项目。页面上通过给 text 组件绑定后台数据的方式进行内容展示。下面有两个 button 组件（在本书 4.1.1 节中有详细介绍），单击第一个 button 组件可增加一行计划内容，当计划内容大于或等于 12 行时，此组件变为不可用状态，单击第二个 button 组件可删除最后一行计划内容，当没有计划内容时，此组件变为不可用状态。下面分步骤介绍示例代码。

第一步：创建一个空项目，在 index.wxml 文件中写入如下页面结构代码。

```
<view >
    <view>
    <text space='emsp'>{{text}}</text>    <!-- 绑定计划内容数据 -->
    </view>
    <button disabled="{{!canAdd}}" bindtap="add">add line</button> <!-- 添加开关，控制轮播是否自动切换 -->
    <button disabled="{{!canRemove}}" bindtap="remove">remove line</button><!-- 添加开关，控制轮播是否自动切换 -->
</view>
```

第二步：打开 index.wxss 文件，写入如下样式代码。

```
text{
    line-height: 60rpx;
}
```

第三步：打开 index.js 文件，写入如下代码。

```
const texts = [
    '7:00    起床洗漱',
    '7:30    吃早餐',
    '8:00    出门上班',
    '9:00    到达公司',
    '12:00   和同事吃午餐',
    '12:30   中午休息',
    '13:00   开始工作',
    '18:00   下班回家',
    '19:00   做饭吃晚餐',
    '20:00   跑步一小时',
    '21:30   娱乐休闲',
    '22:30   洗漱睡觉',
```

```
    '......'
]
Page({
    data: {
      text: '',
      canAdd: true,
      canRemove: false
    },
    extraLine: [],
    add() {
      this.extraLine.push(texts[this.extraLine.length % 12])
      this.setData({
        text: this.extraLine.join('\n'),
        canAdd: this.extraLine.length < 12,        //当计划数量小于 12 时，添加按钮可用
        canRemove: this.extraLine.length > 0     //当计划数量大于 0 时，删除按钮可用
      })
    },
    remove() {
      if (this.extraLine.length > 0) {
        this.extraLine.pop()
        this.setData({
          text: this.extraLine.join('\n'),
          canAdd: this.extraLine.length < 12,
          canRemove: this.extraLine.length > 0,
        })
      }
    }
})
```

保存以上代码，执行效果如图 3-6 所示。

图 3-6　text 组件演示

【课堂实践 3-2】

请在上述 text 组件演示代码的基础上添加一个按钮，单击该按钮时，清空所有的 text 内容，同时修改按钮的可用状态。

3.1.6　进度条（progress）组件

进度条（progress）组件描述的是一种加载的状态，比如软件升级进度、任务处理进度等。用户可以通过进度条组件看到当前的处理进度。progress 组件主要属性如表 3-7 所示。

表 3-7　progress 组件主要属性

属性	类型	默认值	是否必填	说明
percent	number		否	百分比：0～100%
show-info	boolean	false	否	在进度条右侧显示百分比
border-radius	number/string	0	否	圆角大小
font-size	number/string	16	否	右侧百分比字体大小

续表

属性	类型	默认值	是否必填	说明
stroke-width	number/string	6	否	进度条线的宽度
color	string	#09BB07	否	进度条的颜色（请使用 activeColor）
activeColor	string	#09BB07	否	已选择的进度条的颜色
backgroundColor	string	#EBEBEB	否	未选择的进度条的颜色
active	boolean	false	否	进度条从左往右滑动的动画
active-mode	string	backwards	否	backwards：动画从头播；forwards：动画从上次结束点接着播
duration	number	30	否	进度增加1%所需时间（单位为毫秒）
bindactiveend	eventhandle		否	动画完成事件

下面通过一个示例演示 progress 组件的使用方法。本示例中通过设置 progress 组件不同的属性，演示了进度条的不同效果。下面分步骤介绍示例代码。

第一步：创建一个空项目，在 index.wxml 文件中写入如下页面结构代码。

```
<!-- progress -->
<!-- 指定进度 -->
<view class="box">
  <progress percent="20"/>
</view>
<!-- 显示进度信息 -->
<view class="box">
  <progress percent="30" show-info font-size="20px"/>
</view>
<!-- 添加动画 -->
<view class="box">
  <progress percent="40" active/>
</view>
<!-- 自定义已选择进度颜色 -->
<view class="box">
  <progress percent="50" color="#10AEFF"/>
</view>
<!-- 自定义未选择进度颜色 -->
<view class="box">
  <progress percent="60" backgroundColor="#10AEFF" />
</view>
<!-- 自定义宽度 -->
<view class="box">
  <progress percent="70" active stroke-width="20"/>
</view>
<!-- 设置圆角 -->
<view class="box">
  <progress percent="80" active stroke-width="20" border-radius="20px"/>
</view>
```

第二步：打开 index.wxss 文件，写入如下样式代码。

```
.box{
  width:100%;
  height:50px;
}
```

保存以上代码，执行效果如图 3-7 所示。

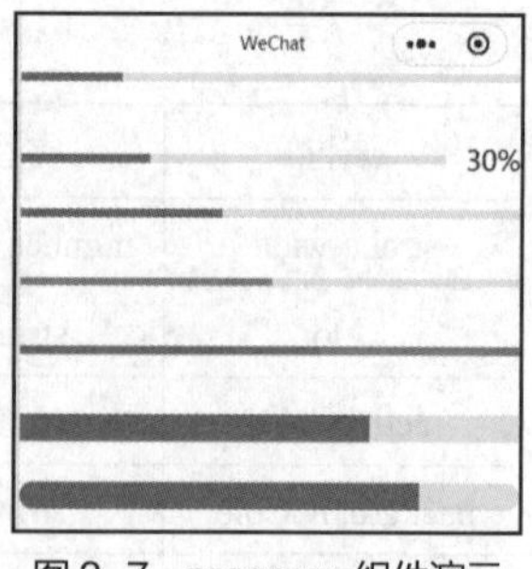

图 3-7 progress 组件演示

3.1.7 导航（navigator）组件

导航（navigator）组件可以用来实现在同一个小程序不同页面之间的跳转，也可以实现不同小程序之间的跳转（开发者工具中不会真实跳转到其他小程序），默认为在小程序内部跳转。navigator 组件跳转分为两个状态：一种是关闭当前页面；另一种是不关闭当前页面，使用 open-type 属性指定状态，默认不关闭当前页面。navigator 组件主要属性如表 3-8 所示。

表 3-8 navigator 组件主要属性

属性	类型	默认值	是否必填	说明
target	string	self	否	在哪个目标上发生跳转，默认为当前小程序
url	string		否	当前小程序内的跳转链接
open-type	string	navigate	否	跳转方式
hover-class	string	navigator-hover	否	指定点击时的样式类，当 hover-class="none"时，没有点击态效果
bindsuccess	string		否	当 target="miniProgram"时有效，跳转小程序成功
bindfail	string		否	当 target="miniProgram"时有效，跳转小程序失败
bindcomplete	string		否	当 target="miniProgram"时有效，跳转小程序完成

下面通过一个示例演示 navigator 组件的使用方法。本示例页面上有两个“跳转”字样，点击第一个“跳转”会跳转到 HOME 页面，可通过导航栏的回退按钮返回首页。点击第二个“跳转”也会跳转到 HOME 页面，但因为关闭了当前页面，所以导航栏不显示回退按钮。下面分步骤介绍示例代码。

第一步：创建一个空项目，在 index.wxml 文件中写入如下页面结构代码。

```
<view class="box">
  <navigator url="/pages/home/home" hover-class="hoverClass">
    <view>
      跳转到 HOME 页面
    </view>
  </navigator>
  <navigator url="../../pages/home/home" open-type="redirect">
    <view>
      关闭当前页面，打开 HOME 页面
    </view>
  </navigator>
</view>
```

第二步：打开 index.wxss 文件，写入如下样式代码。

```
.hoverClass{
```

```
  color: red;
}
view{
  text-align: center;
}
```

第三步：在项目中添加一个 HOME 页面，在 home.wxml 中写入如下代码。

```
<view>
  我是 HOME 页面
</view>
```

保存以上代码，执行效果如图 3-8 所示。

图 3-8　navigator 组件演示

3.2　案例：校园新闻网小程序

3.2.1　案例分析

校园新闻网小程序是通过微信小程序的形式去展现相关新闻报道，本案例实现了在微信小程序上浏览校园新闻网首页的功能，如图 3-9 所示。

页面由如下 5 个区域组成。

（1）导航栏：显示小程序标题。

（2）分类栏：显示校园新闻网小程序的栏目，用户点击不同栏目可切换到相应栏目页面。

（3）轮播图：通过轮播的形式展示图片。

（4）新闻列表：小程序主体结构，显示新闻列表信息，用户可通过向上/向下滑动页面的方式浏览信息。

（5）回到顶部按钮：用户点击“回到顶部”按钮后，可直接回到页面顶部。

根据上面的区域安排，首页页面结构可设计成如图 3-10 所示的形式。

图 3-9　校园新闻网首页

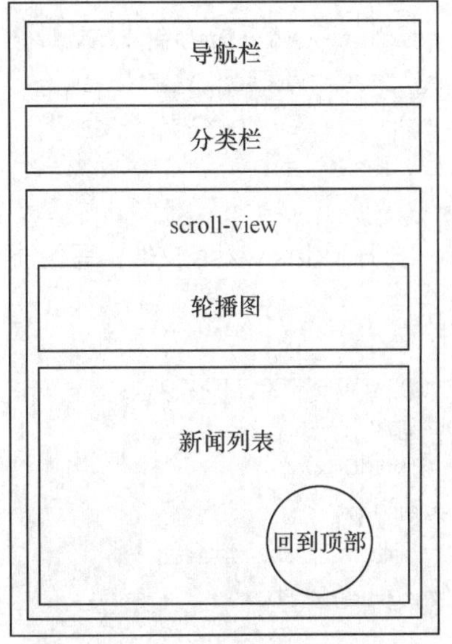

图 3-10　校园新闻网小程序首页结构

相关组件的知识在前面已经进行介绍，这里不再赘述。下面通过子任务来分别实现上面的功能。

3.2.2 任务 1——导航栏

要求：设置导航栏标题（校园新闻网）、背景颜色和标题颜色等，如图 3-11 所示。

图 3-11 新闻网首页导航栏

新建一个空项目，项目名称为“校园新闻网”。

打开 app.json 文件，输入如下代码设置导航栏。

```
"window": {
   "backgroundTextStyle": "light",
   "navigationBarBackgroundColor": "#000000",
   "navigationBarTitleText": "校园新闻网",
   "navigationBarTextStyle": "white"
 }
```

3.2.3 任务 2——分类栏

要求：在页面分类栏显示新闻、视频、报刊和广播分类并添加样式，如图 3-12 所示。

图 3-12 新闻首页分类栏

可通过在页面上添加 4 个 view 组件，使用 Flex 布局的方式将其横向排列，实现具体要求。

第一步：打开 index.wxml 文件，写入页面文件代码。

```
<!-- 分类栏 -->
<view id="nav" class="nav">
<view class="nav-item active">新闻</view>
     <view class="nav-item">视频</view>
     <view class="nav-item">报刊</view>
     <view class="nav-item">广播</view>
</view>
```

第二步：打开 index.wxss 文件，写入分类栏样式代码。

```
.nav{
  display: flex;
  justify-content: space-around;
  height:40px;
  line-height: 40px;
  font-size: 20px;
  border-bottom:2px solid #aaa;
  box-sizing: border-box;
}
```

```
.nav-item{
  padding:0 20px;
}
.active{
  border-bottom:3px solid #cc3300;
}
```

3.2.4 任务 3——轮播图

要求：

（1）在页面通过 swiper 组件和 image 组件添加轮播图，如图 3-13 所示。

（2）设置轮播图自动播放。

（3）显示轮播图指示点。

（4）设置轮播图可循环播放。

图 3-13 轮播图

第一步：打开 index.js 文件，添加图片数据（需提前在项目中添加 images 文件夹，放入项目所需的图片）。在 data 中添加 imgArr 数组，用于存放图片路径，具体代码如下。

```
imgArr:[{src:"../../image/new1.jpg"},
{src:"../../image/new2.jpg"},
{src:"../../image/new3.jpg"},
{src:"../../image/new4.jpg"}]
```

第二步：打开 index.wxml 文件，通过列表渲染的方式，将刚才设置的图像数据绑定到 image 组件中，写入如下轮播图页面代码。

```
<!-- 轮播图 -->
<view>
  <swiper autoplay="true" class="swiper" indicator-dots="true" circular="true">
     <block wx:for="{{imgArr}}" wx:key="*this">
       <swiper-item>
         <image class="swiper-img" mode="aspectFill" src="{{item.src}}"></image>
       </swiper-item>
     </block>
  </swiper>
</view>
```

第三步：打开 index.wxss 文件，写入轮播图样式代码。

```
/* 轮播图 */
.swiper{
  width: 94%;
  height: 200px;
  margin:5px 3%;
}
.swiper-img{
  width: 100%;
  height: 200px;
}
```

3.2.5 任务 4——新闻列表

图 3-14 新闻列表

要求：

（1）利用 wx:for 遍历新闻数据。

（2）根据新闻类型的不同使用不同的布局。

（3）展示新闻标题、作者、时间及图片，如图 3-14 所示。

第一步：打开 index.js 文件，添加新闻数据。在 data 中添加 newsArr 数组，用于存放具体新闻的数据，具体代码如下。

```
//新闻数据
newsArr:[
  {
    id:1,
    type:1,   //新闻类型
    title:"大学生为家乡带货超 20 亿元",
    author:"校园记者",
    time:"2020-01-14",
    image:"../../image/new1.jpg"
  },
  {
    id:2,
    type:2,
    title:"南昌民营企业发展成果摄影展开幕",
    author:"校园记者",
    time:"2020-01-14",
    image:"../../image/new2.jpg"
  },
  //以下用户可自行定义数据
]
```

第二步：打开 index.wxml 文件，这里要通过 wx:if 方式根据新闻的 type（类型）去条件渲染不同的前端页面内容，具体页面代码如下。

```
<!-- 新闻列表 -->
<view class="news-box">
  <view wx:for="{{newsArr}}" wx:key="*this" class="news-item">
    <!-- 新闻列表布局 1 -->
    <block wx:if="{{item.type==1}}">
      <view class="type1-left">
        <view class="type1-title">{{item.title}}</view>
        <view class="type1-info-box">
          <view class="type1-info">
            {{item.author}}
          </view>.
          <view class="type1-info">{{item.time}}</view>
        </view>
      </view>
```

```
            <view class="type1-right">
              <image class="type1-img" mode="aspectFill" src="{{item.image}}"></image>
            </view>
          </block>
          <!-- 新闻列表布局 2 -->
          <block wx:else>
          <view class="type2-left">
              <image class="type2-img" mode="aspectFill" src="{{item.image}}"></image>
            </view>
            <view class="type2-right">
              <view class="type2-title">{{item.title}}</view>
              <view class="type2-info-box">
                <view class="type2-info">
                  {{item.author}}
                </view>
                <view class="type2-info">{{item.time}}</view>
              </view>
            </view>
          </block>
        </view>
      </view>
```

第三步：这里需要注意，新闻列表的高度可能会超过屏幕的高度。此时可将轮播图和新闻列表放入 scroll-view 组件中。设置 scroll-y 属性为 true，允许页面纵向滚动。在页面载入事件 onLoad() 中通过 wx.getSystemInfoSync()API 获取页面高度，并设置为 scroll-view 组件高度，表示通过内容撑开 scroll-view 组件，具体属性设置如下。

```
  <scroll-view scroll-y="true" style="height: {{windowHeight}}px;">
    <!--轮播图-->
    <view>……
    </view>
    <!-- 新闻列表 -->
    <view class="news-box">……
    </view>
  </scroll-view>
```

第四步：通过数据绑定的方式设置 height 属性，在 index.js 文件的 data 对象中和 onLoad() 事件中分别添加如下代码。

```
//scroll-view 组件可用高度
windowHeight:0
```

```
onLoad(){
//获取屏幕可用高度
this.setData({
     windowHeight:wx.getSystemInfoSync().windowHeight
})
},
```

第五步：打开 index.wxss 文件，写入如下新闻列表样式代码。

```
/* 新闻列表 */
```

```
.news-box{
  margin-top:10px;
}
.news-item{
  border-top:1px solid #aaa;
  width: 90%;
  margin:0px 5%;
  padding:10px 0;
  display: flex;
  justify-content: start;
}
/* 新闻类别为 1 的样式 */
.type1-left{
  width: 60%;
}
.type1-right{
  width: 150px;
}
.type1-img{
  width: 150px;
  height: 100px;
  border-radius: 10px;
}
.type1-info-box{
  display: flex;
  justify-content: flex-start;
  color: #aaa;
  font-size: 13px;
  margin-top:10px;
}
.type1-info{
  margin-right:10px;
}
/* 新闻类别为 2 的样式与新闻类别为 1 的样式类似，不再重复，读者可对照编写 */
```

3.2.6 任务 5——回到顶部

要求：

（1）在屏幕右下角添加“回到顶部”悬浮按钮，如图 3-15 所示。

（2）当点击按钮时，回到页面顶部。

第一步：打开 index.wxml 文件，编写“回到顶部”悬浮按钮的页面代码，具体如下。

```
<!--悬浮按钮-->
<view class="back-top" bindtap="backTop">
  回到顶部
</view>
```

图 3-15 悬浮按钮

通过固定位置的方式将按钮固定在页面的右下角，当页面滑动时，即可产生悬浮效果。

第二步：打开 index.wxss 文件，具体样式代码如下。

```
/* 悬浮按钮 */
.back-top{
  position: fixed;
  bottom: 30px;
  right: 30px;
  width:50px;
  height: 50px;
  line-height:50px;
  text-align: center;
  border-radius: 50%;
  border:1px solid #888;
  background-color: #fff;
  font-size: 11px;
  color: #888;
}
```

下面要实现点击悬浮按钮可回到页面顶部的功能。这里通过 scroll-view 组件的 scroll-into-view 属性实现，它的值表示滚动到 scroll-view 组件中指定 id 组件处。

第三步：给 scroll-into-view 绑定数据。打开 index.js 文件，在 data 对象中写入如下代码。

```
//指定 scroll-view 滚动指定位置
scrollIntoId:' ',     //初始值设置为空
```

第四步：打开 index.wxml 文件，修改 scroll-view 组件内容，具体代码如下。

```
<scroll-view scroll-y="true" style="height:{{windowHeight}}px; "scroll-into-view="{{scrollIntoId}}">
```

第五步：设置滚动的位置，这里因为轮播图在页面顶部，因此设置轮播图的 id 属性为 top，具体代码如下。

```
<!--轮播图-->
<view id='top'>
```

第六步：打开 index.js 文件，编写如下点击事件处理代码。

```
//悬浮按钮点击事件处理函数
backTop:function(){
    //回到顶部
    this.setData({
      scrollIntoId:"top"
    })
}
```

3.3 小 结

本章完成了校园新闻网小程序首页的制作，首先介绍了要完成本案例需要的知识，包括 view 组件、swiper 组件、scroll-view 组件等，然后通过一些示例演示了每种组件的基本使用方法，最后对校园新闻网小程序进行了分析与设计，把整个任务分解成导航栏、分类栏、轮播图、新闻列表、回到顶部 5 个子任务，并依次实现了这 5 个子任务。通过对这些内容的学习，读者可以掌握小程序开发中基础组件的使用方法，在面对类似项目的开发时能够做到举一反三。

3.4 课后习题

一、选择题

1. 在使用 wx:for 实现页面列表渲染时，wx:key 的值为（　　）时表示将每一项本身作为唯一标识。

A. *this　　B. value　　C. key　　D. this

2. 在微信小程序组件 view 中，（　　）用于在按下鼠标时显示 class 样式。

A. hover-id　　B. hover　　C. hover-class　　D. hover-view

3. 在微信小程序的页面组件中，视图容器组件用（　　）表示。

A. block　　B. text　　C. view　　D. icon

4. 微信小程序中的 Flex 布局通过（　　）属性控制排列方向。

A. flex　　B. flex-direction

C. align-item　　D. justify-content

5. 在小程序的页面组件中，（　　）组件用于定义进度条。

A. progress　　B. program　　C. slider　　D. swiper

6. 在小程序的 index.json 文件中，（　　）属性用来设置导航栏标题。

A. navigationBarTitleText　　B. navigationTitle

C. navigatorBarTitleText　　D. navigationText

7. 在 swiper 组件中，（　　）显示面板指示点。

A. current-item-id　　B. indicator-active-color

C. indicator-color　　D. indicator-dots

8. 在页面文件中，进行数据的绑定语法是（　　）。

A. {{ }}　　B. { }　　C. [ ]　　D. [[ ]]

9. 在页面结构渲染过程中，（　　）指令可以完成页面的条件渲染。

A. wx:if　　B. wx:for

C. wx:key　　D. wx:else

10. 在 scroll-view 组件中，（　　）属性设置横向滚动条的位置。

A. scroll-x　　B. scroll-top　　C. scroll-left　　D. scroll-right

二、判断题

1. <view>和<text>标签属于双边标签，由开始标签和结束标签组成。（　　）
2. 微信小程序页面组件开发中的 view 组件类似于 HTML5 中的<div>标签。（　　）
3. 图标（icon）组件可以显示第三方图片。（　　）
4. 使用文本（text）组件显示多行文本，需要单独设置组件属性。（　　）

三、填空题

1. 在微信小程序的 index.json 文件中，（　　）字段用来配置导航栏标题的颜色。
2. 在微信小程序的 index.json 文件中，（　　）字段用来配置导航栏的背景颜色。
3. 在 swiper 组件中，（　　）设置轮播图自动切换。

4. 在 swiper 组件中，(　　) 设置滑动动画的时长（单位为毫秒），默认值是 500。

四、简答题

1. 请使用导航组件实现 3 个页面相互跳转。
2. 请实现一个包含 3 张图片的竖向轮播图。

第4章 快递单小程序

04

▶ 内容导学

本章继续讲解基础组件的使用方法。第 3 章主要介绍了视图组件，本章主要介绍表单组件。表单组件是提供给用户进行操作的组件，通常用在填写个人信息、收集数据等方面。

本章通过快递单小程序案例，引导读者使用表单组件逐步实现小程序导航栏、输入寄件人信息、输入收件人信息、“立即下单”等功能，通过实际案例的任务分析与操作，读者能够更好地掌握微信小程序中表单组件的使用方法，能够运用 button、checkbox、input 等基础表单组件解决实际问题。

▶ 学习目标

① 熟练掌握 button 组件的使用方法。
② 熟练掌握使用 checkbox 组件实现表单中多项选择的方法。
③ 熟练掌握使用 radio 组件实现表单中单项选择的方法。
④ 熟练掌握使用 input 组件实现用户输入数据的方法。
⑤ 掌握 picker（滚动选择器）组件的使用方法。
⑥ 掌握 slider（滑动选择器）组件的使用方法。
⑦ 掌握 switch（开关）组件的使用方法。
⑧ 了解 textarea（文本框）组件的使用方法。
⑨ 掌握开发小程序的步骤。
⑩ 能够对校园新闻网小程序进行分析及代码实现。

4.1 表单组件

4.1.1 按钮（button）组件

按钮（button）组件提供了 3 种类型的按钮：默认类型按钮、基本类型按钮和警告类型按钮。其主要属性如表 4-1 所示。

表 4-1 button 组件主要属性

属性	类型	默认值	是否必填	说明
size	string	default	否	按钮的大小
type	string	default	否	按钮的样式

续表

属性	类型	默认值	是否必填	说明
disabled	boolean	false	否	是否禁用
loading	boolean	false	否	名称前是否带 loading 图标
form-type	string		否	用于 form 组件，单击 from-type 时会分别触发 form 组件的 submit/reset 事件

下面通过一个示例演示 button 组件属性的使用方法。本示例中通过在页面上设置 button 的属性来展示不同的效果，开发者在实际使用中需要根据情景选择不同的按钮。

创建一个空项目，在 index.wxml 文件中写入如下页面结构代码。

```
<!-- button -->
<view>
  <button type="primary">页面主操作 Normal</button>
  <button type="primary" loading="true">页面主操作 Loading</button>
  <button type="primary" disabled="true">页面主操作 Disabled</button>
  <button type="default">页面次要操作 Normal</button>
  <button type="default" disabled="true">页面次要操作 Disabled</button>
  <button type="warn">警告类操作 Normal</button>
  <button type="warn" disabled="true">警告类操作 Disabled</button>
  <button type="primary" plain="true">按钮</button>
  <button type="primary" disabled="true" plain="true">不可点击的按钮</button>
  <button type="default" plain="true">按钮</button>
  <button type="default" disabled="true" plain="true">按钮</button>
  <button type="primary" size="mini">按钮</button>
  <button type="default" size="mini">按钮</button>
  <button type="warn" size="mini">按钮</button>
</view>
```

保存以上代码，执行效果如图 4-1 所示。

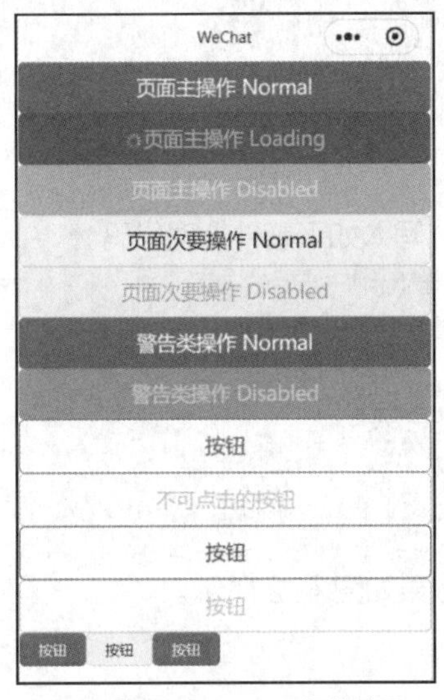

图 4-1　button 组件演示

4.1.2 多选框（checkbox）组件

多选框（checkbox）组件用于用户在页面中进行多项选择。例如，可以在个人爱好、购物车商品选择等多种场景中使用。其主要属性如表 4-2 所示。

表 4-2 checkbox 组件主要属性

属性	类型	默认值	是否必填	说明
value	string		否	checkbox 标识，选中时触发 checkbox-group 的 change 事件，并携带 checkbox 的 value
disabled	boolean	false	否	是否禁用
checked	boolean	false	否	当前是否选中，可用来设置默认选中
color	string	#09BB07	否	checkbox 的颜色，同 CSS 的 color

checkbox 组件可以单独使用，也可以与 checkbox-group 组件一起使用。

下面通过一个示例演示 checkbox 组件的使用方法。本示例中页面由两部分组成，第一部分介绍单独使用 checkbox 的方法，通过设置“checked”属性可以控制多选框的状态；第二部分介绍与 checkbox-group 组件一起使用的方法，通过绑定“change”事件获取用户选择的内容。

第一步：创建一个空项目，在 index.wxml 文件中写入如下页面结构代码。

```
<view>
  <view>checkbox 单独使用</view>
  <checkbox checked="true" color="red" />选中
  <checkbox />未选中
  <view>和 checkbox-group 组合使用</view>
  <view>
    <checkbox-group bindchange="change">
      <checkbox value="北京" />北京
      <checkbox value="上海" />上海
      <checkbox value="广州" checked="true" />广州
      <checkbox value="深圳" />深圳
    </checkbox-group>
  </view>
</view>
```

第二步：打开 index.js 文件，写入如下事件处理代码。

```
//事件处理函数，单击多选框时，输出用户选择的内容
change:function(e){
  wx.showToast({
    title:"您选择了"+e.detail.value.join(','),
    icon:'none'
  });
}
```

保存以上代码，执行后测试效果如图 4-2 所示。

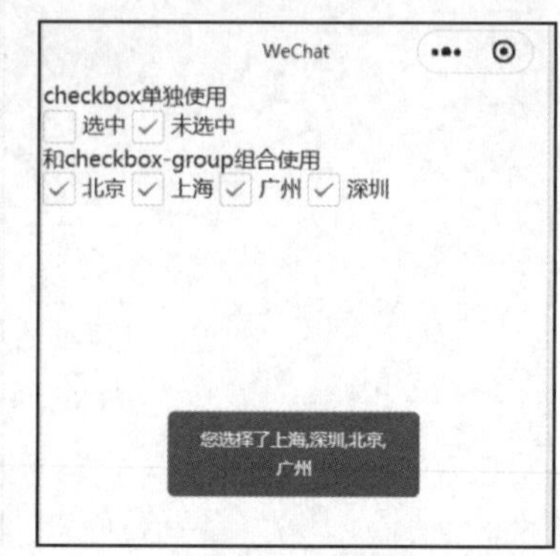

图 4-2 checkbox 组件演示

【课堂实践 4-1】

使用 checkbox 组件设计一个选择个人爱好的页面，并将用户选择输出到控制台。

4.1.3 表单（form）组件

表单（form）组件将组件内用户输入的信息提交给.js 文件进行处理。当单击表单组件中 form-type 为 submit 的 button 组件时，会将表单组件中的 value（值）进行提交，需要在表单组件中加上 name 来作为 key。其主要属性如表 4-3 所示。

表 4-3　　form 组件主要属性

属性	类型	是否必填	说明
bindsubmit	eventhandle	否	携带 form 中的数据触发 submit 事件，event.detail = {value : {'name': 'value'} , formId: ''}
bindreset	eventhandle	否	表单重置时会触发 reset 事件

下面通过一个示例演示 form 组件的使用方法。本示例模拟表单的提交和重置。页面由一个多选框组件和两个按钮组成。提交按钮的“form-type”属性设置为“submit”,当用户点击“提交”按钮时，执行相应的提交处理函数。重置按钮的“form-type”属性设置为“reset”,当用户点击“重置”按钮时，执行相应的重置处理函数，同时表单中的组件恢复为原始状态。

第一步：创建一个空项目，在 index.wxml 文件中写入如下页面结构代码。

```
<form bindreset="formReset" bindsubmit="formSubmit">
  <checkbox-group name="check">
    <checkbox value="北京" checked="true" />北京
    <checkbox value="上海" />上海
    <checkbox value="广州" />广州
    <checkbox value="深圳" />深圳
  </checkbox-group>
  <button form-type="submit" type="primary">提交</button>
  <button form-type="reset" type="warn">重置</button>
</form>
```

第二步：打开 index.js 文件，写入如下事件处理代码。

```
  //事件处理函数
  formReset: function() {
    wx.showToast({
      title: "表单已重置",
      icon: 'success'
    });
  },
  formSubmit: function(e) {
    wx.showToast({
      // 将获取到的参数转化成字符串
      title: "您要提交的是"+e.detail.value.check.join(','),
      icon: 'none'
    });
  }
```

保存以上代码，执行效果如图 4-3 所示。

此时如果在 formSubmit 函数中输出参数 e，通过 e 可以看到表单的数据组织结构。在控制台中输出的结果如图 4-4 所示。

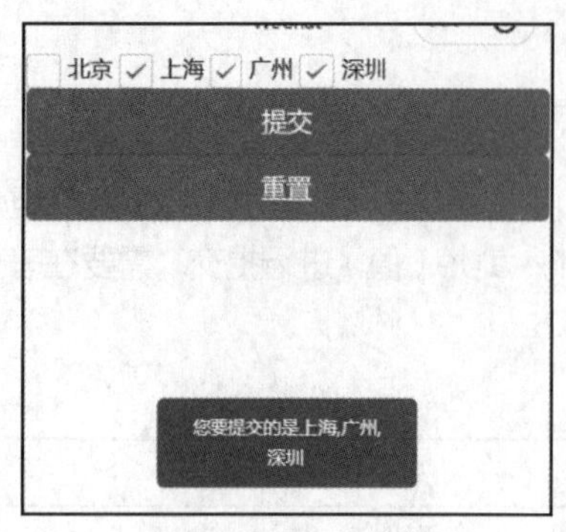

图 4-3　form 组件演示

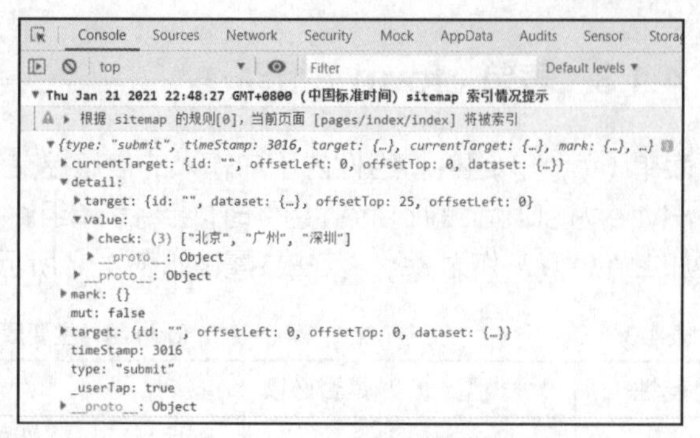

图 4-4　表单参数内容

4.1.4　输入框（input）组件

输入框（input）组件通常用来输入单行文本内容，例如用户名、密码等。其主要属性及取值如表 4-4 和表 4-5 所示。

表 4-4　　input 组件主要属性

属性	类型	默认值	是否必填	说明
value	string		是	输入框的初始内容
type	string	text	否	input 的类型
password	boolean	false	否	是否是密码类型
placeholder	string		是	输入框为空时的占位符
disabled	boolean	false	否	是否禁用
maxlength	number	140	否	最大输入长度，maxlength 设置为-1 的时候不限制最大长度
focus	boolean	false	否	获取焦点
bindinput	eventhandle		是	键盘输入时触发，具体内容可通过事件处理函数中的标准事件对象获得
bindfocus	eventhandle		是	输入框聚焦时触发，具体内容可通过事件处理函数中的标准事件对象获得
bindblur	eventhandle		是	输入框失去焦点时触发，具体内容可通过事件处理函数中的标准事件对象获得

表 4-5　　input 组件 type 属性取值

值	说明
text	文本输入键盘
number	数字输入键盘
idcard	身份证号输入键盘
digit	带小数点的数字键盘

在微信开发者工具中设置 input 组件的 type 属性没有实际效果，只有使用手机打开小程序时才可以弹出指定的键盘，方便用户操作。

下面通过一个示例演示 input 组件的使用方法。本示例演示在表单中通过 input 组件输入数据。页面有两个 input 组件，第一个 input 组件的 type 属性设置为“text”，表示输入文本，在真实环境中打开小程序，单击该 input 组件时弹出文本输入键盘。同时通过绑定“bindinput”属性，对应的事件处理函数 changeText 将输入数据实时显示到 view 组件中。第二个 input 组件的 type 属性也设置为“text”，同时设置 password 属性为“true”，表示输入的是密码，数据不会直接显示在页面上，而是通过掩码的方式进行显示，设置 placeholder 属性为“请输入密码”，提高用户体验感。最后设置“maxlength”为 10，表示只允许用户输入不超过 10 个字符。

第一步：创建一个空项目，在 index.wxml 文件中写入如下页面结构代码。

```
<form bindreset="formRest" bindsubmit="formSubmit">
  <view>
    <view>可输入文本并实时显示:{{text}}</view>
    <input type="text" name="text" bindinput="changeText" value="" placeholder="请输入用户名"/>
  </view>
  <view>
    <view>密码可以隐藏不可见，可以限制长度不大于 10</view>
    <input type="text" name="password" password="true" placeholder="请输入密码" maxlength="10"/>
  </view>
  <button form-type="submit" type="primary">登录</button>
</form>
```

第二步：打开 index.wxss 文件，写入如下样式代码。

```
input{
  height:35px;
  background-color:#eee;
}
```

第三步：打开 index.js 文件，写入如下事件处理代码。

```
  data: {
    text:''
  },
  //事件处理函数
  changeText:function(e){
    this.setData({
      text:e.detail.value
    })
  },
  formSubmit: function(e) {
    wx.showToast({
      title: "用户名:"+e.detail.value.text+" 密码:"+e.detail.value.
password,
      icon:'none'
    });
  }
```

保存以上代码，执行效果如图 4-5 所示。

图 4-5　input 组件演示

4.1.5　滚动选择器（picker）组件

picker 组件是从底部弹起的滚动选择器，目前支持 5 种选择器，通过 mode 属性来区分。其主要属性及取值如表 4-6 和表 4-7 所示。

表 4-6　　picker 组件主要属性

属性	类型	默认值	是否必填	说明
header-text	string		否	选择器的标题，仅安卓系统可用
mode	string	selector	否	选择器类型
disabled	boolean	false	否	是否禁用
bindcancel	eventhandle		否	取消选择时触发

表 4-7　　picker 组件 mode 属性取值

值	说明
selector	普通选择器
multiSelector	多列选择器
time	时间选择器
date	日期选择器
region	省市区选择器

下面通过一个示例演示 picker 组件的使用方法。本示例通过一个入职调查表小程序分别演示以上几种滚动选择器。

页面由 5 部分组成。

第一部分填写毕业院校，在 index.js 文件中创建 schoolArray 数组，通过数据绑定的方式将其绑定到 picker 组件的 range 属性上，通过设置 bindchange 属性，将其绑定到 changeSchool 函数上，该函数将用户通过 picker 组件选择的学校显示在页面上。picker 组件的 mode 属性默认为 selector，因此可以省略。

第二部分填写个人爱好，在 index.js 文件中创建 hobbyArray 数组，通过数据绑定的方式将其绑定到 picker 组件的 range 属性上，通过设置 bindchange 属性，将其绑定到 changeHobby 函数上，该函数将用户通过 picker 组件选择的个人爱好显示在页面上。picker 组件的 mode 属性默认为 multiSelector，表示是多项选择。

第三部分填写期望上班时间，通过设置 bindchange 属性，将其绑定到 changeTime 函数上，该函数将用户通过 picker 组件选择的期望上班时间显示在页面上。picker 组件的 mode 属性默认为 time，表示选择时间，设置 start 和 end 属性表示时间可选范围。

第四部分填写入职日期，通过设置 bindchange 属性，将其绑定到 changeDate 函数上，该函数将用户通过 picker 组件选择的入职日期显示在页面上。picker 组件的 mode 属性默认为 date，表示选择日期，设置 start 和 end 属性表示日期可选范围。

第五部分填写家庭住址，通过设置 bindchange 属性，将其绑定到 changeCity 函数上，该函数将用户通过 picker 组件选择的家庭地址信息显示在页面上，picker 组件的 mode 属性默认为 region。

第一步：创建一个空项目，在 index.wxml 文件中写入如下页面结构代码。

```
<view class="title">入职调查表</view>
<view class="section">
```

```
  <picker   value="1" range="{{schoolArray}}" bindchange="changeSchool">
    <view class="picker">
      毕业院校:{{school}}
    </view>
  </picker>
</view>
<view class="section">
  <picker bindchange="changeHobby" mode="multiSelector" value="1" range="{{hobbyArray}}">
    <view class="picker">
      个人爱好:{{hobby}}
    </view>
  </picker>
</view>
<view class="section">
  <picker bindchange="changeTime" mode="time" start="08:30" end="18:00">
    <view class="picker">
      期望上班时间:{{time}}
    </view>
  </picker>
</view>
<view class="section">
  <picker bindchange="changeDate" mode="date" start="2020-01-01" end="2020-02-01">
    <view class="picker">
      选择入职日期:{{date}}
    </view>
  </picker>
</view>
<view class="section">
  <picker bindchange="changeCity" mode="region" >
    <view class="picker">
      家庭住址:{{city}}
    </view>
  </picker>
</view>
```

第二步：打开 index.wxss 文件，写入如下代码。

```
.title{
  width: 50%;
  text-align: center;
  margin: 0 auto;
  font-weight: bold;
  font-size: 25px;
}
.section{
  margin: 50px 20px;
  font-size: 15px;
}
```

第三步：打开 index.js 文件，写入如下代码。

```
Page({
  data: {
    schoolArray:["北京大学","上海交通大学","清华大学","复旦大学"],
    school:'',
    hobbyArray:[['打篮球', '踢足球', '打羽毛球', '轮滑', '健美操'], ['萨克斯', '小号','唢呐','长笛']],
    hobby:'',
    time:'',
    date:"",
    city:""
  },
  changeSchool:function(e){
    this.setData({
      school:this.data.schoolArray[e.detail.value]
    })
  },
  changeHobby:function(e){
    this.setData({
      hobby:this.data.hobbyArray[0][e.detail.value[0]]+"、"+this.data.hobbyArray[1][e.detail.value[1]]
    })
  },
  changeTime:function(e){
    this.setData({
      time:e.detail.value
    })
  },
  changeDate:function(e){
    this.setData({
      date:e.detail.value
    })
  },
  changeCity:function(e){
    this.setData({
      city:e.detail.value
    })
  }
})
```

保存以上代码，执行效果如图 4-6 所示。

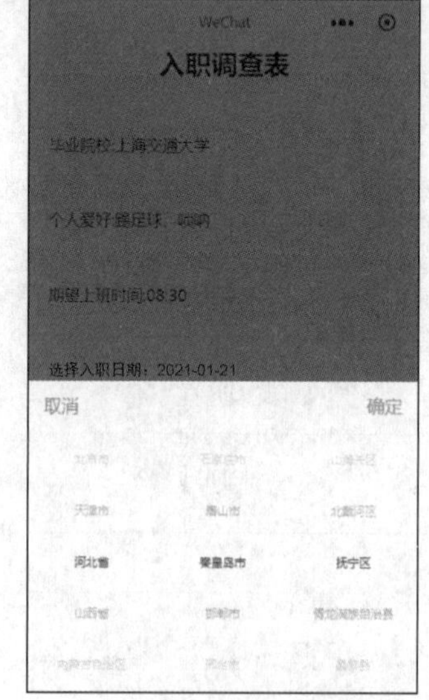

图 4-6　picker 组件演示

4.1.6　单选控制器（radio）组件

单选控制器（radio）组件一般用于用户在页面中进行单项选择，例如可以在选择性别、婚否等场景中使用。其主要属性如表 4-8 所示。

表 4-8　　radio 组件主要属性

属性	类型	默认值	是否必填	说明
value	string		否	radio 标识。当该 radio 被选中时，radio-group 的 change 事件会携带 radio 的 value
checked	boolean	false	否	当前是否选中
disabled	boolean	false	否	是否禁用
color	string	#09BB07	否	radio 的颜色，同 CSS 的 color

radio 组件可以单独使用，也可以与 radio-group 组件一起使用。

下面通过一个示例演示 radio 组件的使用方法。本示例通过选择性别展示单选组件的使用方法，通过数据绑定单选组件的 checked 属性，控制单选组件的状态、设置 value 属性表示处理点击事件时通过参数传递的值。

第一步：创建一个空项目，在 index.wxml 文件中写入如下页面结构代码。

```
<view class="page-section">
  <view class="page-section-title">选择性别</view>
  <radio-group bindchange="change">
    <label class="radio">
      <radio value="r1" checked="{{show}}" />男
    </label>
    <label class="radio">
      <radio value="r2" checked="{{!show}}"/>女
    </label>
  </radio-group>
</view>
```

第二步：打开 index.js 文件，写入如下事件处理代码。

```
  data: {
    show:true
  },
  change:function(e){
    this.setData({
      show:!this.data.show
    })
  }
```

保存以上代码，执行效果如图 4-7 所示。

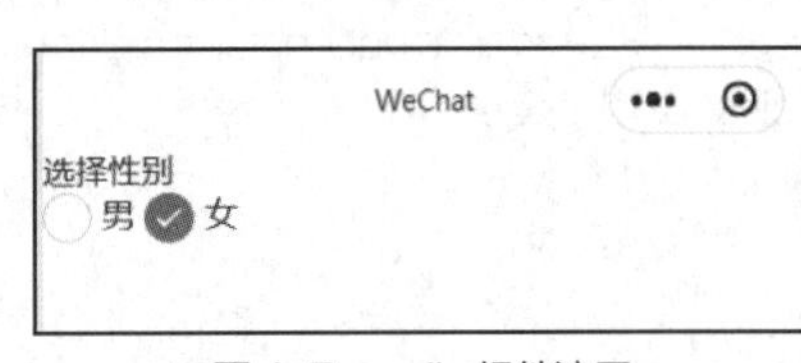

图 4-7　radio 组件演示

4.1.7　滑动选择器（slider）组件

滑动选择器（slider）组件允许用户通过拖动滑动条的方式与页面进行交互，在颜色选择、音乐播放进度控制等场景中可以使用。其主要属性如表 4-9 所示。

表 4-9　　slider 组件主要属性

属性	类型	默认值	是否必填	说明
min	number	0	否	最小值
max	number	100	否	最大值

续表

属性	类型	默认值	是否必填	说明
step	number	1	否	步长，取值必须大于 0，并且可被（max−min）整除
disabled	boolean	false	否	是否禁用
value	number	0	否	当前取值
color	color	#e9e9e9	否	背景条的颜色（请使用 backgroundColor）
selected-color	color	#1aad19	否	已选择的颜色（请使用 activeColor）
activeColor	color	#1aad19	否	已选择的颜色
backgroundColor	color	#e9e9e9	否	背景条的颜色
block-size	number	28	否	滑块的大小，取值为 12～28
block-color	color	#ffffff	否	滑块的颜色
show-value	boolean	false	否	是否显示当前 value
bindchange	eventhandle		否	完成一次拖动后触发的事件，event.detail = {value}
bindchanging	eventhandle		否	拖动过程中触发的事件，event.detail = {value}

下面通过一个示例演示 slider 组件的使用方法。本示例中页面上显示了 4 个 slider 组件。第一个 slider 组件通过 activeColor 属性设置选择颜色、backgroundColor 属性设置背景颜色。第二个 slider 组件通过设置 show-value 属性为真，在 slider 组件右侧显示当前的数值。第三个 slider 组件通过设置 step 属性为 10，表示每次滑动的变化为 10。第四个 slider 组件通过设置 min 属性和 max 属性来控制滑动的最小数值和最大数值。

第一步：创建一个空项目，在 index.wxml 文件中写入如下的页面结构代码。

```
<view >
  <view class="section">
    <text>设置颜色</text>
    <view >
      <slider bindchange="slider1change" activeColor="red" backgroundColor="blue" block-color=
"pink" block-size="16"/>
    </view>
  </view>
  <view class="section">
    <text>显示当前 value</text>
    <view >
      <slider bindchange="slider3change" show-value />
    </view>
  </view>
  <view class="section">
    <text>设置步长为 10</text>
    <view>
      <slider bindchange="slider2change" step="10" show-value />
    </view>
  </view>
  <view class="section">
```

```
        <text>设置最小/最大值</text>
        <view >
          <slider bindchange="slider4change" min="50" max="200"
show-value />
        </view>
      </view>
    </view>
```

第二步：打开 index.wxss 文件，写入如下样式代码。

```
.section{
  margin:50px20px;
  font-size:15px;
}
```

保存以上代码，执行效果如图 4-8 所示。

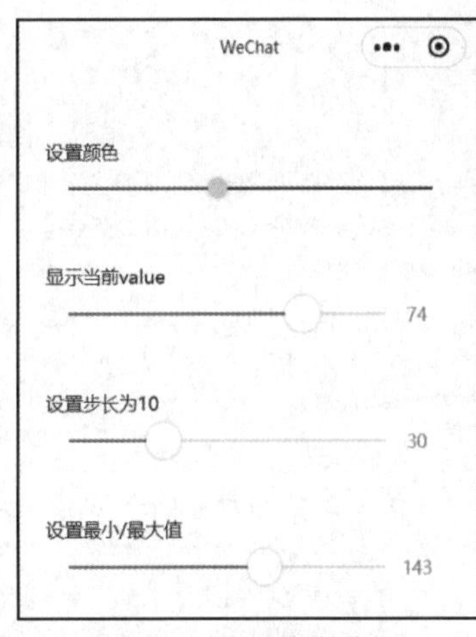

图 4-8　slider 组件演示

【课堂实践 4-2】

请设计一个页面，可以使用 slider 组件控制轮播图的自动播放速度。

4.1.8　开关选择器（switch）组件

开关选择器（switch）组件有两个状态：开和关。switch 组件在小程序中的使用频率很高，例如在是否显示提醒、是否显示用户名等场景都有使用。需要注意的是：switch 类型切换在 iOS 系统中自带振动反馈，可在“系统设置”→“声音与触感”→“系统触感反馈”中关闭。switch 组件的主要属性如表 4-10 所示。

表 4-10　switch 组件的主要属性

属性	类型	默认值	是否必填	说明
checked	boolean	false	否	是否选中
disabled	boolean	false	否	是否禁用
type	string	switch	否	样式，有效值：switch, checkbox
color	string	#04BE02	否	switch 的颜色，同 CSS 的 color
bindchange	eventhandle		否	checked 改变时触发 change 事件，event.detail={ value}

下面通过一个示例演示 switch 组件的使用方法。本示例中通过 switch 组件的选择状态控制另外一个 switch 组件状态。设置 switch 组件的 bindchange 属性，在对应的事件处理函数 change 中修改 data 对象的 show 变量的值，通过数据绑定的方式将 show 的值绑定到另外一个 switch 组件上。需要注意，如果设置 switch 组件的 type 属性为 checkbox，switch 组件的显示效果与多选框组件的一样。

第一步：创建一个空项目，在 index.wxml 文件中写入如下页面结构代码。

```
<view >
  <view class="section">
    <view >type="switch"</view>
    <view >
      <switch color="red" checked="{{show}}" bindchange="change" />
```

```
        </view>
      </view>

      <view class="section">
        <view>type="checkbox"</view>
        <view >
          <switch type="checkbox" checked="{{show}}" bindchange="change" />
        </view>
      </view>
    </view>
```

第二步：打开 index.wxss 文件，写入如下样式代码。

```
.section{
  margin:50px20px;
  font-size:15px;
}
```

第三步：打开 index.js 文件，写入如下事件处理代码。

```
  data:{
    show:true
  },
  change:function(e){
    this.setData({
      show:!this.data.show
    })
  }
```

保存以上代码，执行效果如图 4-9 所示。

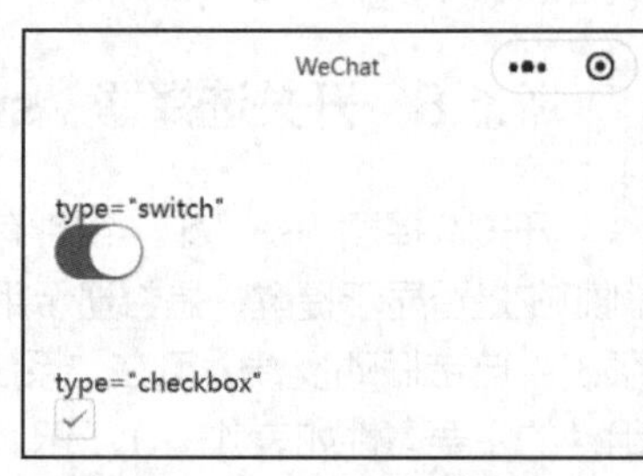

图 4-9　switch 组件演示

4.1.9　文本框（textarea）组件

文本框（textarea）组件允许用户进行多行输入，而前面所学的 input 组件只允许用户进行单行输入。textarea 组件的主要属性如表 4-11 所示。

表 4-11　textarea 组件的主要属性

属性	类型	默认值	是否必填	说明
value	string		否	输入框的内容
placeholder	string		否	输入框为空时的占位符
disabled	boolean	false	否	是否禁用
maxlength	number	140	否	最大输入长度，该属性被设置为-1 时不限制最大长度
focus	boolean	false	否	获取焦点
auto-height	boolean	false	否	是否自动增高，设置 auto-height 时，style.height 不生效
bindfocus	eventhandle		否	输入框聚焦时触发，具体内容可通过事件处理函数中的标准事件对象获得
bindblur	eventhandle		否	输入框失去焦点时触发，具体内容可通过事件处理函数中的标准事件对象获得
bindlinechange	eventhandle		否	输入框行数变化时调用，具体内容可通过事件处理函数中的标准事件对象获得

下面通过一个示例演示 textarea 组件的使用方法。本示例中在页面通过 textarea 组件输入个人介绍信息。设置 placeholder 属性值，使页面在未输入数据时显示“请输入……”。设置 maxlength 属性值为 true，表示不限制用户输入。

第一步：创建一个空项目，在 index.wxml 文件中写入如下页面结构代码。

```
<view>
  <view class="title">个人介绍</view>
  <textarea
  placeholder="请输入……"
  value=""
  name=""
  id=""
  maxlength="-1"
  auto-height="true" >
  </textarea>
</view>
```

第二步：打开 index.wxss 文件，写入如下代码。

```
.title{
  text-align: center;
  width: 100%;
  font-weight:bold ;
  font-size:25px ;
}
textarea{
  margin: 20px auto;
  border:1px solid #000;
  width:80%;
  box-sizing:border-box;
  font-size: 20px;
}
```

图 4-10　textarea 组件演示

保存以上代码，执行后测试效果如图 4-10 所示。

4.2　案例：快递单小程序

4.2.1　案例分析

快递单小程序是供用户填写快递单信息的小程序。用户按照页面提示依次填写寄件人和收件人信息，填写完成后点击“立即下单”按钮，弹出消息提示框提示完成下单，如图 4-11 所示。

页面由如下 4 个区域组成。

（1）导航栏：显示小程序标题。

（2）寄件人信息：用户根据页面提示输入寄件人姓名、联系方式（input 组件）、寄件地区选择（picker 组件）、快递标签（多选框组件）等信息。

（3）收件人信息：用户根据页面提示输入收件人姓名、联系方式（input 组件）、收件人详细地址（picker 组件）、费用结算方式（单选组件）等信息。

（4）立即下单：用户点击“立即下单”按钮后，模拟弹出下单成功提示框。

根据上面的区域划分，快递单页面结构可设计成图 4-12 所示形式。

图 4-11　快递单小程序页面

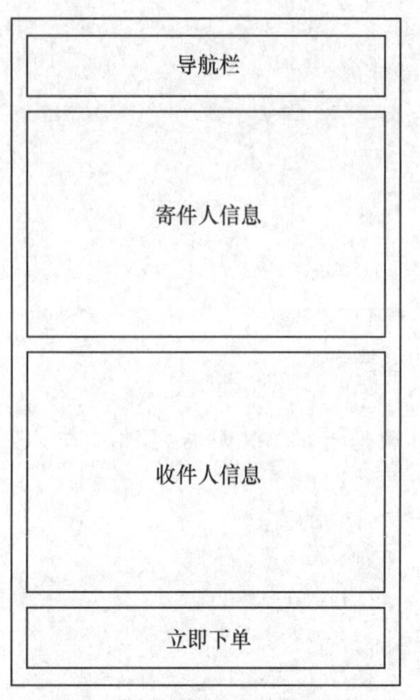

图 4-12　快递单小程序页面结构

4.2.2　任务 1——导航栏

要求：设置导航栏标题（快递寄件）、背景颜色和标题颜色等，如图 4-13 所示。

图 4-13　新闻网首页导航栏

新建一个空项目，项目名称为“快递单”。

打开 app.json 文件，输入如下代码设置导航栏。

```
"window":{
  "backgroundTextStyle":"light",
  "navigationBarBackgroundColor": "#f8f8f8",
  "navigationBarTitleText": "快递寄件",
  "navigationBarTextStyle":"black"
}
```

4.2.3 任务 2——寄件人信息

要求：

（1）使用 input 组件输入姓名和手机号，并设置不同的 type 属性。

（2）使用 picker 组件实现寄件省市区选择，并设置初始值为“四川省，成都市，成华区”。

（3）使用 checkbox 组件实现快递标签功能，用户可以为快递选择多种标签。

寄件人信息页面如图 4-14 所示。

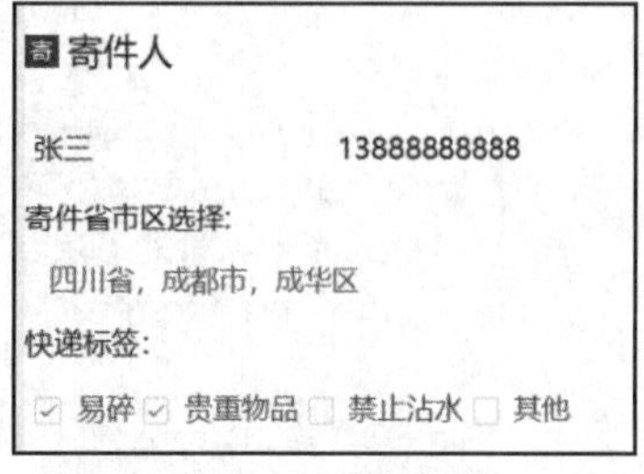

图 4-14　寄件人信息

第一步：打开 index.js 文件，设置省市区选择框初始值、设置快递标签数组，通过列表渲染方式，将标签数据绑定到页面，设置寄件人对象，保存寄件人数据，具体代码如下。

```
data: {
  //省市区选择框初始值
  region: ['四川省', '成都市', '成华区'],
  //快递标签
  mailLabel: [{
    id: 0,
    text: '易碎'
  },{
    id: 1,
    text: '贵重物品'
  },{
    id: 2,
    text: '禁止沾水'
  },{
    id: 3,
    text: '其他'
  }],
  //寄件人信息
  mailInfo: {
    name: null,
    phone: null,
    city: null,
    label: null
  }
}
```

第二步：打开 index.wxml 文件，根据图 4-14 所示信息编写寄件人页面结构。姓名和手机号使用 text 组件实现，设置手机号输入框组件的 type 属性为 number。使用 picker 组件实现省市区选择，设置其 mode 属性为 region，同时将 data 对象中的 region 数组绑定到 picker 组件内部。使用列表渲染方式将 data 对象的 mailLabel 数组渲染到多选框组件中。写入如下寄件人区域页面代码。

```
<!-- 寄件人信息 -->
```

```
<view class="content_box">
  <!-- 标题 -->
  <view class="express_title">
    <text>寄</text>
    <text>寄件人</text>
  </view>
  <!-- 姓名          电话 -->
  <view class="user_info">
    <input type="text" placeholder="请输入真实姓名"/>
    <input type="number" placeholder="寄件人电话"/>
  </view>
  <!-- 城市区域 -->
  <view class="section">
    <view class="section__title">寄件省市区选择:</view>
    <picker mode="region" value="{{region}}">
      <view class="picker">
        {{region[0]}}，{{region[1]}}，{{region[2]}}
      </view>
    </picker>
  </view>
  <!-- 快递备注(易碎，贵重，禁止沾水，其他) -->
  <view class="remarks_box">
    <view class="remarks_title">快递标签：</view>
    <checkbox-group class="remarks_item_box">
      <view class="remarks_item" wx:for="{{mailLabel}}" wx:key="normal">
        <checkbox id="label0{{item.id}}" class="remarks_item_check" value="{{item.id}}" />
        <label for="label0{{item.id}}">{{item.text}}</label>
      </view>
    </checkbox-group>
  </view>
</view>
```

第三步：打开 index.wxss 文件，写入如下寄件人区域样式代码。

```
.content{
  padding: 10px 16px;
  background: #f8f8f8;
  width: 100vw;
  height: 100vh;
  box-sizing: border-box;
}
.express_title{
  display: flex;
  align-items: center;
}
.content_box{
  background: #fff;
  margin-bottom: 16px;
}
.express_title>text{
```

```
  font-size: 20px;
}
.express_title>text:nth-child(1){
  font-size: 12px;
  display: block;
  width: 18px;
  height: 18px;
  background: #333;
  color: #fff;
  text-align: center;
  line-break: 18px;
  margin-right: 5px;
}
.express_title>text.red{
  background: #f00;
}
.express_title>text:nth-child(2){
  display: block;
  height: 50px;
  line-height: 50px;
}
/* 姓名、电话 */
.user_info{
  display: flex;
  padding: 16px 0;
}
.user_info input{
  padding: 0 5px;
}
/* 省市区选择 */
.picker{
  padding: 13px;
  background-color: #FFFFFF;
  color: #666;
}
/* 快递标签 */
.remarks_item_box{
  display: flex;
  padding: 15px 0;
}
.remarks_item{
 color: #555
}
.remarks_item_check{
  transform: scale(.6);
}
```

第四步：要获得用户输入的寄件人信息，需要在用户输入完成时绑定事件处理函数，例如在

input 组件中可以设置 bindblur 属性，其值为当 input 组件失去焦点时对应的事件处理函数名。在 picker 组件和 checkbox 组件中可以设置 bindchange 属性，表示当其值发生变化时执行对应的事件处理函数。打开 index.wxml 文件，写入如下代码。

```
  <!--改写原来的页面结构代码，绑定事件处理函数-->
<input type="text" placeholder="请输入真实姓名" bindblur="mailName"/>
<input type="number" placeholder="寄件人电话" bindblur="mailPhone"/>
<picker mode="region" bindchange="bindRegionChange" value="{{region}}">
<checkbox-group class="remarks_item_box" bindchange="mailLabel">
```

打开 index.js 文件，写入如下事件处理代码。

```
// 获取寄件人备注
mailName (e) {
  this.data.mailInfo.name = e.detail.value
},
mailPhone   (e) {
  this.data.mailInfo.phone = e.detail.value
},
mailLabel (e) {
  this.data.mailInfo.label = e.detail.value
},
// 获取区域值
bindRegionChange: function (e) {
  this.setData({
    region: e.detail.value,
  })
  this.data.mailInfo.city = this.data.region;
}
```

4.2.4 任务 3——收件人信息

要求：

（1） 使用 input 组件输入姓名和手机号，并设置不同的 type 属性。

（2）使用 textarea 组件实现收件人详细地址输入，并设置占位符为“×××省×××市××街道××小区”。

（3）使用 radio 组件实现费用结算方式选择功能，用户可以为快递选择“先行结算”或者“货到付款”方式，如图 4-15 所示。

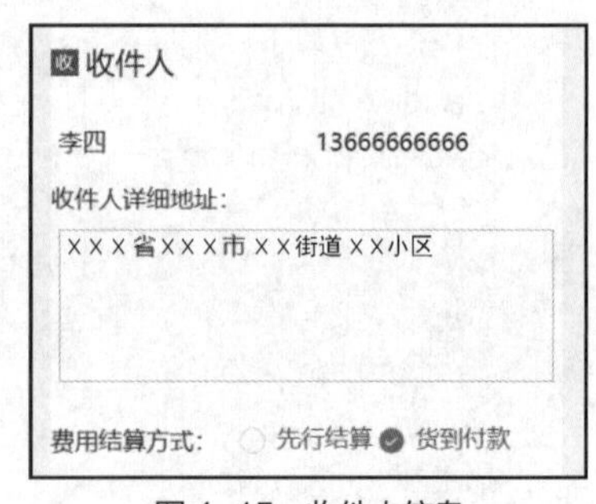

图 4-15　收件人信息

第一步：打开 index.js 文件，在 data 对象中添加收件人信息对象及费用结算方式标识。具体代码如下。

```
//收件人信息
collectInfo: {
  name: null,
  phone: null,
  address: null,
},
```

```
    //费用结算方式标识
    payCheck: null
```

第二步：打开 index.wxml 文件，根据图 4-15 所示信息编写收件人页面结构。姓名和手机号的输入使用 text 组件实现，设置手机号输入框组件的 type 属性为“number”。使用 text 组件实现收件人详细地址的输入，设置其 placeholder 属性为“×××省×××市××街道××小区”。写入收件人区域页面代码，具体如下。

```
<!-- 收件人信息 -->
  <view class="content_box">
    <!-- 标题 -->
    <view class="express_title">
      <text class="red">收</text>
      <text>收件人</text>
    </view>
    <!-- 姓名           电话 -->
    <view class="user_info">
      <input type="text" placeholder="请输入真实姓名"/>
      <input type="number" placeholder="收件人电话"/>
    </view>
    <!-- 详细地址 -->
    <view>收件人详细地址：</view>
    <textarea id="detailBox" placeholder="XXX 省 XXX 市 XX 街道 XX 小区"></textarea>
    <!-- 费用结算方式 -->
    <view class="payRadio">
      <view>费用结算方式：</view>
      <radio-group class="payRadio_btn">
        <radio id="pay01" value="先行结算" />
        <label for="pay01">先行结算</label>
        <radio id="pay02" value="货到付款"/>
        <label for="pay02">货到付款</label>
      </radio-group>
    </view>
  </view>
```

第三步：打开 index.wxss 文件，写入寄件人区域样式代码。具体代码如下。

```
#detailBox{
  display: block;
  width: 96%;
  height: 100px;
  border: 1px solid rgb(190, 190, 190);
  margin: 10px auto;
}
#detailBox::placeholder{
  font-size: 14px;
}

.payRadio{
  display: flex;
  align-items: center;
```

```
    padding: 16px 0;
  }
  .payRadio_btn{
    color: #444;
    margin-left: 10px;
  }
  #pay01,#pay02{
    transform: scale(.7);
  }
```

第四步：要获得用户输入的收件人信息，和任务 2 一样，需要在 input 组件和 textarea 组件中设置 bindblur 属性，表示当组件失去焦点时执行函数。打开 index.wxml 文件，写入如下代码。

```
 <!--改写原来的页面结构代码，绑定事件处理函数-->
<inputtype="text"placeholder="请输入真实姓名"bindblur="collectName"/>
<inputtype="number"placeholder="收件人电话"bindblur="collectPhone"/>
<textareaid="detailBox"placeholder="XXX 省 XXX 市 XX 街道 XX 小区"bindblur="collectAdress"> </textarea>
```

打开 index.js 文件，写入如下事件处理代码。

```
  // 收件人数据
  collectName (e) {
    this.data.collectInfo.name = e.detail.value
  },
  collectPhone (e) {
    this.data.collectInfo.phone = e.detail.value
  },
  collectAdress (e) {
    this.data.collectInfo.address = e.detail.value
  },
  submitBtn(){
    console.log(this.data)
    wx.showToast({
      title: '寄件成功',
      icon: 'success',
      duration: 2000
    })
  }
```

4.2.5 任务 4——立即下单

要求：添加“立即下单”按钮，点击该按钮会模拟输出下单成功消息提示框，如图 4-16 所示。

图 4-16　立即下单按钮

第一步：打开 index.wxml 文件，为了让页面更加统一，可以把已创建的寄件人区域、收件人区域和现在的“立即下单”按钮的代码放入一个 view 组件中，具体页面结构代码如下。

```
  <view class="content">
    <!-- 寄件人信息 -->
    <view class="content_box">
```

```
            <!-- 代码省略 -->
        </view>
        <!-- 收件人信息 -->
    <view class="content_box">
            <!-- 代码省略 -->
        </view>
        <!-- 寄件按钮 -->
        <button type="primary" bindtap="submitBtn">立即下单</button>
    </view>
```

第二步：打开 index.js 文件，输入如下事件处理代码。

```
submitBtn(){
  console.log(this.data)
  wx.showToast({
    title: '寄件成功',
    icon: 'success',
    duration: 2000
  })
}
```

4.3 小 结

本章完成了快递单小程序的制作，首先介绍了要完成本案例需要的知识，包括按钮组件、多选框组件、表单组件、输入框组件、滚动选择器组件等，然后通过一些示例演示了每种组件的基本使用方法，最后对快递单小程序进行了分析与设计，把整个任务分解成了导航栏、寄件人信息、收件人信息、立即下单 4 个子任务，并依次完成了这 4 个子任务。通过对这些内容的学习，读者可以掌握小程序开发中基础组件的使用方法，在面对类似项目的开发时做到举一反三。

4.4 课后习题

一、选择题

1. 在小程序的页面组件中，(　　) 用来定义多选框组件。

   A. <checkbox>　　B. input　　C. button　　D. <radio>

2. 在<radio>和<checkbox>标签中，(　　) 表示该选项中对应的值。

   A. checked 属性　　B. value 属性　　C. name 属性　　D. type 属性

3. 在微信小程序的页面组件中，(　　) 表示将其包裹的所有<checkbox>标签当作一个复选框组。

   A. <radio-group>　　B. <checkbox-group>
   C. <slect-group>　　D. <option-group>

4. 在微信小程序页面组件中，(　　) 表示将其包裹的所有<radio>标签当作一个单选框组。

   A. <selected-group>　　B. <radio-group>
   C. <checkbox-group>　　D. <option-group>

5. 在小程序中，(　　) 组件是表单组件中的一种，用于滑动选择某一个值。

A. <progress>　　B. <slider>　　C. <input>　　D. <audio>

6. 关于 button 组件的属性说法错误的是（　　）。

A. type 表示按钮的样式类型

B. 单击 form-type 可以分别触发 submit/reset 事件

C. disabled 表示是否禁用

D. plain 按钮表示是否镂空、背景不透明

7. 下列关于 picker 的说法错误的是（　　）。

A. mode=multiSelector 为多列选择器

B. mode=time 为日期选择器

C. mode=region 为省市区选择器

D. mode=selector 为普通选择器

8. 关于 form 组件描述错误的是（　　）。

A. 每个表单内的组件不用设定 name 属性

B. form 提交的是表单内选中的所有组件

C. form 组件用来将表单里的值提交给 JavaScript 逻辑层进行处理

D. button 中的 type 有两个属性，分别是 submit 和 reset

二、填空题

1. input 组件的（　　）属性表示输入的类型，如文本、数字、身份证号等。
2. 当 input 组件 type 属性为（　　）时表示“身份证号输入键盘”输入。
3. 当 input 组件 type 属性为（　　）时表示“带小数点的键盘”输入。
4. 在 slider 组件的属性中，（　　）属性用来设置进度条的最大值，默认是 100。
5. 在 slider 组件中，用（　　）属性来展示当前的 value（值），默认值为 false。
6. picker 组件用（　　）属性来区分类别。
7. 在 input 组件中，设置（　　）属性，指定光标与软键盘间的距离。
8. 给 form 组件设置（　　）属性，可生成 formId。

三、简答题

1. 简述获取 input 文本框输入值的方法。
2. 简述获取用户在表单中输入数据的方法。

第5章
邀请函小程序

05

▶ 内容导学

本章主要学习图片、音频、视频、地图和动画对象。在常用的小程序中，经常会综合使用这些组件来显示多媒体信息，它们的呈现效果非常丰富。

本章通过邀请函小程序案例，引导读者综合使用以上组件逐步实现小程序音频、视频播放页面、地图显示、提交表单数据验证等功能，通过实际案例的任务分析与操作，读者能够更好地掌握微信小程序中以上组件的使用方法并通过它们解决实际问题。

▶ 学习目标

① 熟练使用 audio 组件。
② 熟练使用 video 组件和视频相关 API。
③ 熟练使用 map 组件。
④ 熟练使用表单相关组件，并通过 Node.js 服务器将表单数据存入文件。
⑤ 分析给定问题，运用微信小程序组件与 API 解决问题。
⑥ 能够对邀请函小程序进行分析及代码实现。

5.1 媒体组件

5.1.1 图片（image）组件

图片组件支持 JPG、PNG、SVG、WEBP、GIF 等格式，从微信 2.3.0 版开始支持云文件 ID。image 组件默认宽度为 320px、高度为 240px。image 组件中二维码图片不支持长按识别，仅在 wx.previewImage 中支持长按识别。

image 组件主要属性如表 5-1 所示。

表 5-1　　image 组件主要属性

属性	类型	默认值	是否必填	说明
src	string		否	图片资源地址
mode	string	scaleToFill	否	图片裁剪、缩放的模式
webp	boolean	false	否	默认不解析 webp 格式，只支持网络资源

续表

属性	类型	默认值	是否必填	说明
lazy-load	boolean	false	否	图片懒加载，在即将进入一定范围（上下三屏）时才开始加载
show-menu-by-longpress	boolean	false	否	开启长按图片显示识别小程序码菜单
binderror	eventhandle		否	当错误发生时触发事件处理函数，event.detail = {errMsg}
bindload	eventhandle		否	当图片载入完毕时触发事件处理函数，event.detail = {height, width}

image 组件的 mode 属性值如表 5-2 所示。

表 5-2　image 组件的 mode 属性值

值	说明
scaleToFill	缩放模式，不保持纵横比缩放图片，使图片的宽高完全拉伸至填满 image 元素
aspectFit	缩放模式，保持纵横比缩放图片，使图片的长边能完全显示出来，即可以将图片完整地显示出来
aspectFill	缩放模式，保持纵横比缩放图片，只保证图片的短边能完全显示出来，即图片通常只在水平或垂直方向是完整的，在另一个方向将会被截取
widthFix	缩放模式，宽度不变，高度自动变化，保持原图宽高比不变
heightFix	缩放模式，高度不变，宽度自动变化，保持原图宽高比不变
top	裁剪模式，不缩放图片，只显示图片的顶部区域
bottom	裁剪模式，不缩放图片，只显示图片的底部区域
center	裁剪模式，不缩放图片，只显示图片的中间区域
left	裁剪模式，不缩放图片，只显示图片的左边区域
right	裁剪模式，不缩放图片，只显示图片的右边区域
top left	裁剪模式，不缩放图片，只显示图片的左上边区域
top right	裁剪模式，不缩放图片，只显示图片的右上边区域
bottom left	裁剪模式，不缩放图片，只显示图片的左下边区域
bottom right	裁剪模式，不缩放图片，只显示图片的右下边区域

下面通过一个示例演示 image 组件属性的使用方法。本示例通过在页面上设置图片 mode 的不同的属性值，展示不同图片的呈现效果。

第一步：创建一个空项目，在 index.wxml 文件中写入如下页面结构代码。

```
<!-- image 组件 -->
<view>
    <view class="title">图片不同的展示方式</view>
    <view class="section" wx:for="{{array}}" wx:for-item="item">
    <view >{{item.text}}</view>
    <view >
        <image style="width: 200px; height: 200px; background-color: #eeeeee;" mode="{{item.mode}}" src="{{src}}"></image>
    </view>
  </view>
</view>
```

以上代码使用 wx:for 遍历数组 array，将其中的每个数组元素的 text 和 mode 分别通过{{item.text}}和{{item.mode}}显示出来，在<image>组件内，使用{{src}}调用 index.js 中定义的变量来设置图片的源文件。

第二步：打开 index.js 文件，写入如下事件处理代码。

```
Page({
    data: {
        array:[{
            text:"缩放模式，不保持纵横比缩放图片，使图片的宽高完全拉伸至填满 image 元素。",
            mode:"scaleToFill"
        },{
            text:"缩放模式，保持纵横比缩放图片，使图片的长边能完全显示出来。也就是说，可以完整地将图片显示出来。",
            mode:"aspectFit"
        },{
            text:"缩放模式，保持纵横比缩放图片，只保证图片的短边能完全显示出来。也就是说，图片通常只在水平或垂直方向是完整的，另一个方向将会被截取。",
            mode:"aspectFill"
        }],
        src:"/img/img1.jpg"
    },
})
```

以上代码定义了一个数组，数组的每个元素包含两部分信息：text 说明图片裁剪、缩放的模式，mode 定义图片相应的模式。此外，还定义了一个变量 src，用来说明图片的路径和图片名。

保存以上代码，执行效果如图 5-1 所示。

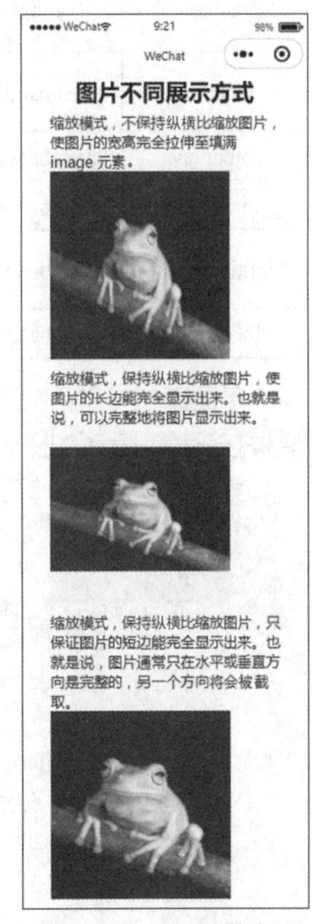

图 5-1　image 组件演示

5.1.2　音频（audio）组件

音频（audio）组件用来播放音频文件，相关的 API 为 wx.createAudioContext，用来创建 audio 上下文 AudioContext 对象。使用 audio 组件时需要设置其唯一的 id，根据 id 来调用音频资源，audio 组件主要属性如表 5-3 所示。

表 5-3　audio 组件主要属性

属性	类型	默认值	是否必填	说明
id	string		否	audio 组件的唯一标识符
src	string		否	要播放音频的资源地址
loop	boolean	false	否	是否循环播放
controls	boolean	false	否	是否显示默认组件
poster	string		否	默认组件上的音频封面的图片资源地址，如果 controls 属性值为 false，则设置 poster 无效
name	string	未知音频	否	默认组件上的音频名称，如果 controls 属性值为 false，则设置 name 无效

续表

属性	类型	默认值	是否必填	说明
author	string	未知作者	否	默认组件上的作者名称，如果 controls 属性值为 false，则设置 author 无效
binderror	eventhandle		否	当发生错误时触发 error 事件，detail = {errMsg: MediaError.code}
bindplay	eventhandle		否	当开始或继续播放时触发 play 事件
bindpause	eventhandle		否	当暂停播放时触发 pause 事件
bindtimeupdate	eventhandle		否	当播放进度改变时触发 timeupdate 事件，detail = {currentTime, duration}
bindended	eventhandle		否	当播放到末尾时触发 ended 事件

下面通过一个示例演示 audio 组件的使用方法，页面中显示要播放的音频文件，点击播放或者暂停按钮控制音频的播放或暂停。

第一步：创建一个空项目，在 index.wxml 文件中写入如下页面结构代码。

```
<!-- audio -->
<view>
    <view class="title">中国流行歌曲</view>
    <!-- 列表渲染 -->
    <view wx:for="{{musicArray}}" class="section">
        <audio
        id="{{item.id}}"
        src="{{item.musicSrc}}"
        poster="{{item.imgSrc}}"
        author="{{item.author}}"
        controls="true"
        name="{{item.name}}"
        bindplay="play"
        data-flag="{{item.id}}"></audio>
    </view>
</view>
```

以上代码使用 wx:for 遍历数组 musicArray，将其中的每个数组元素，即每个音频的 id、musicSrc、imgSrc、author、name 循环显示在页面上，并为每个音频绑定播放事件 bindplay，当/继续播放音频时触发该事件，调用 index.js 中定义的 play 函数来实现暂停音频播放。

第二步：打开 index.js 文件，写入如下事件处理代码。

```
Page({
    onReady: function(e) {
        for(var i=0;i<this.data.musicArray.length;i++){
            this.data.audioCtx[i] = wx.createAudioContext(this.data.musicArray[i].id)
        }
    },
    data: {
        playId: '',//当前播放音频 id
        audioCtx:[],//audio 组件对象
        musicArray: [{
```

```
                name: "流行歌曲 1",
                id:"myAudio1",
                musicSrc: "../music/music.mp3",
                imgSrc: "../img/img.png",
                author: "张老师"
            },{
                name: "流行歌曲 2",
                id:"myAudio2",
                musicSrc: "../music/music.mp3",
                imgSrc: "../img/img.png",
                author: "刘老师"
            },{
                name: "流行歌曲 3",
                id:"myAudio3",
                musicSrc: "../music/music.mp3",
                imgSrc: "../img/img.png",
                author: "唐老师"
            },{
                name: "流行歌曲 4",
                id:"myAudio4",
                musicSrc: "../music/music.mp3",
                imgSrc: "../img/img.png",
                author: "王老师"
            },{
                name: "流行歌曲 5",
                id:"myAudio5",
                musicSrc: "../music/music.mp3",
                imgSrc: "../img/img.png",
                author: "李老师"
            }]
        },
        // 点击播放/暂停按钮时,播放/暂停当前音频
        play:function (e){
            let id=e.currentTarget.dataset.flag
            console.log(id)
            for(var i=0;i<this.data.audioCtx.length;i++){
                if( this.data.playId==this.data.audioCtx[i].audioId){
                    this.data.audioCtx[i].pause()    //暂停音频
                    this.data.playId=id
                    return;
                }
            }
        }
})
```

执行以上代码。启动小程序后，先遍历定义的音频数组，使用 wx.createAudioContext 为每个音频创建 audio 上下文 AudioContext 对象，生成数组 audioCtx。在 play 函数内，首先通过 e.currentTarget.dataset.flag 获取当前点击的音频的 id，遍历数组 audioCtx，如果点击的为当前

播放的音频，则调用 pause()方法暂停音频，并将该音频 id 赋值给变量 playId，标识当前播放音频 id。

保存以上代码，执行效果如图 5-2 所示。点击音频文件上的播放按钮开始播放，再次点击，暂停播放。

点击要播放的音频，可以在控制台显示被点击的音频 id，执行效果如图 5-3 所示。

图 5-2　audio 组件演示

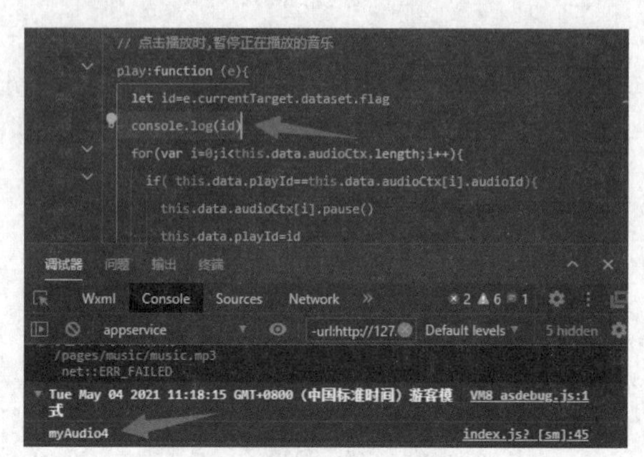

图 5-3　获取被点击的音频 id

5.1.3　视频（video）组件

视频（video）组件用来播放视频，video 默认宽度为 300px、高度为 225px，可通过 wxss 设置宽、高，可以设置是否显示播放控件、发送弹幕信息等，自 video v2.4.0 起支持同层渲染。相关的 API 为 wx.createVideoContext，用来创建 video 上下文 VideoContext 对象。video 组件的主要属性如表 5-4 所示。

表 5-4　　video 组件的主要属性

属性	类型	默认值	是否必填	说明
src	string		是	要播放视频的资源地址，支持网络路径、本地临时路径、云文件 ID（从 video v2.3.0 开始支持）
duration	number		否	指定视频时长
controls	boolean	true	否	是否显示默认播放组件（播放/暂停按钮、播放进度、时间）
danmu-list	Array.<object>		否	弹幕列表
danmu-btn	boolean	false	否	是否显示弹幕按钮，只在初始化时有效，不能动态变更
enable-danmu	boolean	false	否	是否展示弹幕，只在初始化时有效，不能动态变更
autoplay	boolean	false	否	是否自动播放
loop	boolean	false	否	是否循环播放
muted	boolean	false	否	是否静音播放

续表

属性	类型	默认值	是否必填	说明
initial-time	number	0	否	指定视频初始播放位置
direction	number		否	设置全屏时视频的方向，如果不指定，则根据宽高比自动判断
poster	string		否	视频封面的图片网络资源地址或云文件 ID（从 video v2.3.0 开始支持）。若 controls 属性值为 false 则设置 poster 无效
title	string		否	视频的标题，全屏时在顶部展示
enable-play-gesture	boolean	false	否	是否开启播放手势，即双击切换播放/暂停
bindplay	eventhandle		否	当开始/继续播放视频时触发 play 事件
bindpause	eventhandle		否	当暂停播放视频时触发 pause 事件
bindended	eventhandle		否	当播放到视频末尾时触发 ended 事件

下面通过一个示例演示 video 组件的使用方法。本示例在页面播放一段本地视频，同时在指定时间显示不同的弹幕文字。

第一步：创建一个空项目，在 index.wxml 文件中写入如下页面结构代码。

```
<!-- video -->
<view>
    <view class="title">视频播放器</view>
    <video
    src="./video/276984.mp4"
    loop="true"
    danmu-list="{{list}}"
    play-btn-position="center"
    enable-play-gesture="true"
    show-mute-btn="true"
    danmu-btn="true"
    autoplay="true"
    enable-danmu="true"></video>
</view>
```

以上代码可以设置视频的本地存储地址，设置视频循环播放、弹幕文字、播放按钮的位置居中，开启播放手势，显示弹幕按钮、自动播放、允许使用弹幕功能等。

第二步：打开 index.js 文件，写入如下事件处理代码。

```
Page({
    data: {
        //弹幕数据
        list: [{
            text: '大家好，我是第一名',
            color: '#ff0000',
            time: 1
        }, {
            text: 'vip 色',
            color: '#FFD700',
            time: 3
```

```
                }]
            }
})
```

以上代码定义弹幕文字数组，包含两条弹幕，每条弹幕含文字、显示颜色及时间。

保存以上代码，执行效果如图 5-4 所示。

图 5-4　vedio 组件演示

5.2　地图与动画

5.2.1　地图（map）组件

地图（map）组件通常用来显示给定经纬度的地图，用于开发与地图相关的应用，如酒店导航、订单轨迹等，在地图上可以标记指定坐标的位置。map 组件主要属性如表 5-5 所示。

表 5-5　map 组件主要属性

属性	类型	默认值	是否必填	说明
longitude	number		是	中心经度
latitude	number		是	中心纬度
scale	number	16	否	缩放级别，取值为 3～20
min-scale	number	3	否	最小缩放级别
max-scale	number	20	否	最大缩放级别
marker	Array.<marker>		否	标记点

map 组件中标记点 marker 的主要属性如表 5-6 所示。

表 5-6　标记点 marker 的主要属性

属性	类型	默认值	是否必填	说明
id	标记点 id	number	否	marker 点击事件回调会返回此 id。建议为每个 marker 设置 number 类型 id，保证更新 marker 时有更好的性能
latitude	纬度	number	是	浮点数，取值为-90～90
longitude	经度	number	是	浮点数，取值为-180～180
title	标注点名	string	否	点击地图组件的标记点时显示，callout 存在时将被忽略
zIndex	显示层级	number	否	
iconPath	显示的图标	string	是	项目目录下的图片路径，支持网络路径、本地路径、代码包路径（从 mapv2.3.0 开始支持）
rotate	旋转角度	number	否	顺时针旋转的角度，取值为 0～360，默认为 0
alpha	标注的透明度	number	否	无透明，值为 0～1，默认为 1
width	标注图标宽度	number/string	否	默认为图片实际宽度
height	标注图标高度	number/string	否	默认为图片实际高度
callout	标记点上方的气泡窗口	Object	否	可识别换行符

下面通过一个示例演示 map 组件的使用方法，单击页面中的不同按钮，显示设定的不同经纬度的地图效果。

第一步：创建一个空项目，在 index.wxml 文件中写入如下页面结构代码。

```
<view>
	<view class="title">定位</view>
	<map
	callouttap="{{longitude}}"
	latitude="{{latitude}}"
	markers="{{markers}}"
	scale="14"
	></map>
	<button bindtap="change1">人民广场</button>
	<button bindtap="change2">大连星海广场</button>
</view>
```

以上代码使用 map 组件显示给定经纬度的地图和图标，并定义两个按钮，在单击按钮时分别调用两个函数 change1 和 change 2，将地图显示坐标改为不同的经纬度。

第二步：打开 index.wxss 文件，写入如下样式代码。

```
.title{
	text-align: center;
	width: 100%;
	font-weight:bold ;
	font-size:25px ;
}
map{
	width:100%;
	height:380px;
}
```

以上代码设置页面中不同元素的 CSS 样式。

第三步：打开 index.js 文件，写入如下事件处理代码。

```
Page({
	data: {
		longitude:110,
		latitude:40,
		//标记信息
		markers:[{
			id:0,
			iconPath:'/images/navi.png',
			longitude:121.481099,
			latitude:31.238688,
			width:50,
			height:50,
			callout:{
				content:"人民广场"
			}
		}]
```

```
        },
        change1:function(){
                this.setData({
                        longitude:121.481099,
                        latitude:31.238688
                })
        },
        change2:function(){
                this.setData({
                        longitude:121.588011,
                        latitude:38.881880
                })
        }
})
```

以上代码设置初始显示经度为 110°，纬度为 40°。当单击按钮“人民广场”时，设置经度和纬度分别为 121.481099° 和 31.238688°，页面显示该地点的地图，如图 5-5 所示。同样地，当单击按钮“大连星海广场”时，设置经度和纬度分别为 121.588011° 和 38.881880°，页面显示该地点的地图，如图 5-6 所示。

图 5-5　map 组件演示（人民广场）

图 5-6　map 组件演示（大连星海广场）

5.2.2　动画（animation）对象

在小程序中，通常可以使用 CSS 渐变和 CSS 动画来创建简易的界面动画，可以使用 wx.createAnimation 接口来动态创建简易的动画效果。

动画的实现过程是：创建一个动画实例 animation，通过调用实例的方法来描述动画，再通过动画实例的 export 方法导出动画数据传递给组件的 animation 属性。

animation 主要属性如表 5-7 所示。

表 5-7 animation 主要属性

属性	类型	默认值	是否必填	说明
duration	number	400	否	动画持续时间，单位为毫秒
timingFunction	string	'linear'	否	动画的效果
delay	number	0	否	动画延迟时间，单位为毫秒
transformOrigin	string	'50% 50% 0'	否	

timingFunction 属性取值如表 5-8 所示。

表 5-8 timingFunction 属性取值

值	说明
'linear'	动画从头到尾的播放速度是相同的
'ease'	动画以低速开始播放，然后加快，在结束前变慢
'ease-in'	动画以低速开始播放
'ease-in-out'	动画以低速开始播放和结束
'ease-out'	动画以低速结束
'step-start'	动画第一帧就跳至结束状态并保持，直到结束
'step-end'	动画一直保持开始状态，最后一帧跳到结束状态

下面通过一个示例演示动画对象的使用方法，单击“播放动画”按钮后开始展示一段动画效果，再次单击按钮后开始展示另一段不同的动画效果。

第一步：创建一个空项目，在 index.wxml 文件中写入如下页面结构代码。

```
<view>
    <view class="box">
        <button bindtap='start'>播放动画</button>
        <view class="ani-box" animation="{{ani}}">
            <text >Hello World</text>
        </view>
    </view>
</view>
```

运行以上代码，单击“播放动画”按钮，将调用函数 start，开始创建动画实例。设置下面的<view>组件的 animation 属性，调用动画效果。

第二步：打开 index.wxss 文件，写入如下代码。

```
.box{
    width: 100%;
    height:250px;
    background-color: #ccc;
}
.ani-box{
    position: relative;
    top:50px;
}
```

第三步：打开 index.js 文件，写入如下代码。

```
Page({
  data: {
    content:"Hello World!!!",
    ani:'',
    show:true
  },
  start:function(){
    var animation = wx.createAnimation({
      duration: 4000,
      timingFunction: 'ease',
      delay: 1000
    });
      if(this.data.show){
            animation.opacity(0).translate(100, 100).step()
      }else{
            animation.opacity(1).translate(0, 0).step()
      }
    this.setData({
      ani:  animation.export(),
      show:!this.data.show
    })
  }
})
```

以上代码定义了动画播放状态变量 show，初值为 true，在 start 函数中创建了动画实例，动画持续时间为 4 秒，动画以低速开始播放，然后加快，在结束前变慢，动画延迟时间为 1 秒。在动画效果中，通过 animation.opacity 设置透明度，animation.translate 表示平移变换，animation.step 表示一组动画完成，文字“Hello World!!!”移动和变透明是同时进行的。

两次单击“播放动画”按钮，动画效果不同，通过对 show 的值进行取反来控制，不同的状态值对应的动画参数值不同。

保存以上代码，执行效果如图 5-7 所示。

图 5-7　动画演示

5.3　案例：邀请函小程序

5.3.1　案例分析

通过实现小程序端邀请函的轮播图、视频播放、地图定位、提交表单等功能，读者应掌握微信小程序中组件与 API 的使用方法，并能够运用组件和常用 API 解决实际问题。

小程序由如下 5 个页面组成。

（1）邀请函：显示小程序标题和邀请函文字。

（2）照片展示页面：通过 swiper 和 image 组件添加轮播图，展示邀请内容图片信息。

（3）视频页面：展示邀请函的视频信息，分别显示标题、时间、视频等。

（4）地页面：展示社团活动地点信息。

（5）来宾信息提交页面：通过表单收集并提交数据，并通过 Node.js 构建服务器，将表单数据保存到文件中。

根据上面的分析说明，小程序页面结构如图 5-8 所示，小程序首页如图 5-9 所示。

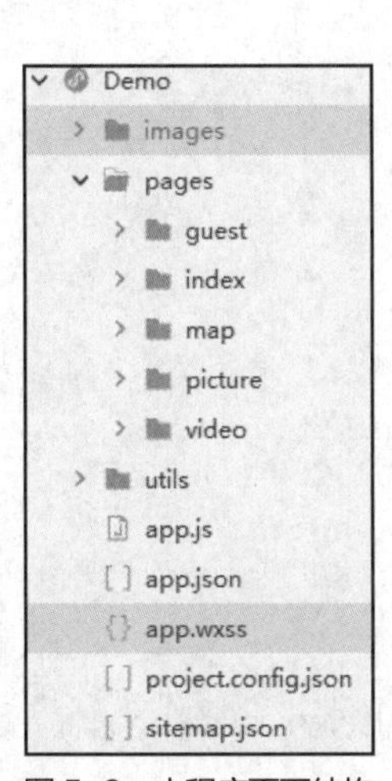

图 5-8　小程序页面结构

图 5-9　邀请函首页

5.3.2　任务 1——新建一个微信小程序并配置

要求：

（1）设置导航栏标题为“社团活动邀请函”，如图 5-10 所示

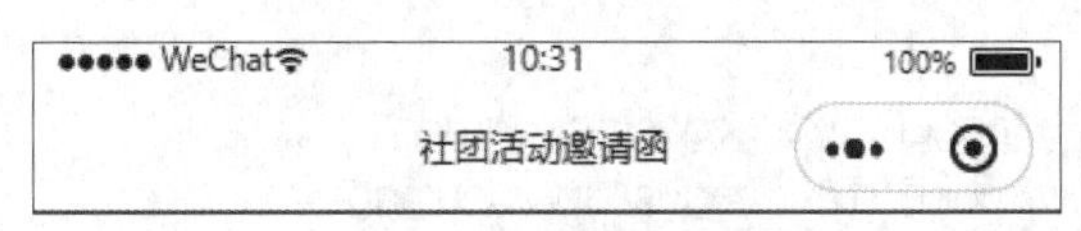

图 5-10　邀请函导航栏

（2）设置导航栏 tabBar，如图 5-11 所示。

图 5-11　小程序导航栏

新建一个空项目，项目名称为“invitation”。

打开 app.json 文件，输入如下代码设置导航栏。

```
{
    "pages": [
        "pages/index/index",
        "pages/picture/picture",
```

```
            "pages/video/video",
            "pages/map/map",
            "pages/guest/guest"
    ],
    "requiredBackgroundModes": [
            "audio"
    ],
    "window": {
            "backgroundTextStyle": "light",
            "navigationBarBackgroundColor": "#fff",
            "navigationBarTitleText": "社团活动邀请函",
            "navigationBarTextStyle": "black"
    },
    "sitemapLocation": "sitemap.json",
    "tabBar": {
            "color": "#ccc",
            "selectedColor": "#472d56",
            "borderStyle": "white",
            "backgroundColor": "#fff",
            "list": [{
                            "pagePath": "pages/index/index",
                            "iconPath": "images/tab/index.png",
                            "selectedIconPath": "images/tab/selected_index.png",
                            "text": "邀请函"
                    },
                    {
                            "pagePath": "pages/picture/picture",
                            "iconPath": "images/tab/picture.png",
                            "selectedIconPath": "images/tab/selected_picture.png",
                            "text": "照片"
                    },
                    {
                            "pagePath": "pages/video/video",
                            "iconPath": "images/tab/video.png",
                            "selectedIconPath": "images/tab/selected_video.png",
                            "text": "视频"
                    },
                    {
                            "pagePath": "pages/map/map",
                            "iconPath": "images/tab/map.png",
                            "selectedIconPath": "images/tab/selected_map.png",
                            "text": "地址"
                    },
                    {
                            "pagePath": "pages/guest/guest",
                            "iconPath": "images/tab/guest.png",
                            "selectedIconPath": "images/tab/selected_guest.png",
                            "text": "信息"
```

```
                }
            ]
        }
}
```

以上代码设置了小程序的 5 个页面、背景音乐模式、标题栏，以及底部菜单栏链接、图片地址和文字。

5.3.3 任务 2——制作邀请函页面

要求：

（1）设置背景图。

（2）展示邀请函信息（标题、邀请内容）。

（3）添加背景音乐。

邀请函首页运行效果如图 5-9 所示。

第一步：打开 index.js 文件，设置邀请函背景音乐及播放状态函数，具体代码如下。

```
Page({
    onLoad(){
        let bgm = wx.getBackgroundAudioManager()
        bgm.title = 'MARRY ME';
        bgm.src = "./music/bgm.mp3"
        this.setData({
            bgm
        })
    },
    onShow() {//开启背景音乐与动画
        this.data.bgm.play()
    },
    onHide(){//关闭背景音乐
        this.data.bgm.pause()
    },
    data: {
        bgm:''
    },
})
```

以上代码设置首页加载时，通过 wx.getBackgroundAudioManager 创建背景音乐对象，设置背景音乐的标题、网络地址。当显示首页时，开启背景音乐与动画；当首页被隐藏时，关闭背景音乐。

第二步：打开 index.wxml 文件，写入如下页面代码。

```
<view>
<!-- 背景图片 -->
    <image class="bg" src="../../images/bg/bg.jpg"></image>
    <!-- 内容区 -->
    <view class="content">
        <view class="content-title">邀请函</view>
        <view class="info">
            <view>亲爱的社员</view>
            <view>真诚地邀请您参加我们的社团活动</view>
```

```
                    <view>时间:2021 年 5 月 20 日</view>
                    <view>地点:辽宁省大连市 XX 路 XX 酒店</view>
                    <view style="text-align: right;margin-top:20px">——疯狂舞者轮滑社</view>
                </view>
        </view>
</view>
```

以上代码显示一张背景图片，并显示邀请函的文字内容。

第三步：打开 index.wxss 文件，写入如下首页样式代码。

```
.bg{
        width: 100%;
        height: 100vh;
        z-index:1
}
.content{
        position: fixed;
        top:0;
        width: 100%;
        height:100%;
        z-index:2;
        display: flex;
        flex-direction: column;
        align-items: center;
        color: #fff;
        text-align: center;
}
.content-title{
        font-size: 30px;
        font-weight: bold;
        margin:25vh 0 7vh 0;
}
.content-name{
        width:70%;
        display: flex;
        justify-content: space-around;
        font-size: 20px;
        font-family: KaiTi;
        font-weight: bold;
        margin:15vh 0;
}
.love-img{
        width: 50px;
        height: 50px;
}
.info{
        line-height:25px ;
}
```

5.3.4 任务 3——制作照片展示页面

要求：

（1）在页面通过 swiper 和 image 组件添加轮播图。

（2）显示轮播图指示点。

照片展示页面运行效果如图 5-12 所示。

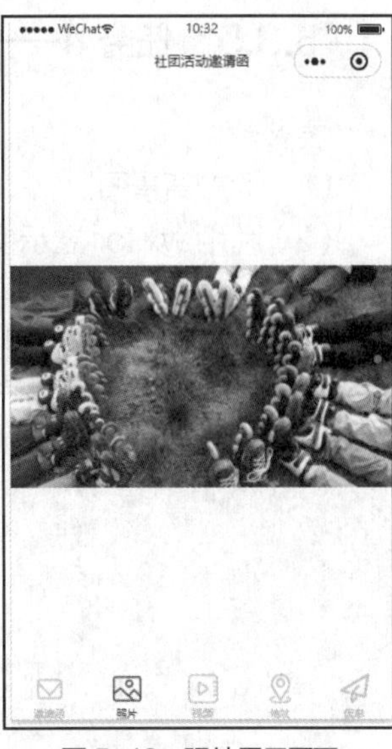

图 5-12 照片展示页面

第一步：打开 picture.js 文件，在 data 对象中添加数组 arr，数组中包含 3 张轮播图源文件的地址，具体代码如下。

```
Page({
    data:{
        arr:[{
            src:"./images/img1.jpg"
        },
        {
            src:"./images/img2.jpg"
        },
        {
            src:"./images/img3.jpg"
        }]
    }
})
```

第二步：打开 picture.wxml 文件，写入如下轮播图页面代码。

```
<view>
    <!--轮播图-->
    <swiper class="swiper" vertical="true" indicator-dots="true" indicator-active-color="#ff4c91">
        <swiper-item class="swiper" wx:for="{{arr}}" wx:key="*this">
            <image mode="aspectFit" class="img" src="{{item.src}}"></image>
        </swiper-item>
    </swiper>
</view>
```

以上代码使用组件 swiper，该组件纵向轮播图片，显示图片切换指示点，选中指示点颜色为“#ff4c91”。通过循环遍历数组 arr，生成<swiper-item>，显示 3 个<image>图片。

第三步：打开 picture.wxss 文件，写入如下寄件人区域样式代码。

```
/* pages/picture/picture.wxss */
.swiper{
    width: 100vw;
    height: 100vh;
}
.img{
    width:100vw;
    height: 100vh;
}
```

5.3.5 任务 4——制作视频页面

图 5-13 视频播放页面

要求：

（1）添加背景图。

（2）利用 wx:for 展示视频列表。

（3）视频列表包含标题、时间、视频。

视频播放页面运行效果如图 5-13 所示。

第一步：打开 vedio.js 文件，输入如下代码。

```
Page({
        data:{
                // 数据
                arr:[{
                        title:"相聚",
                        time:"2010-1-31",
                        src:"./video/video1.mp4"
                },
                {
                        title:"团结",
                        time:"2016-2-19",
                        src:"./video/video2.mp4"
                },
                {
                        title:"友爱",
                        time:"2019-3-12",
                        src:"./video/video3.mp4"
                }],
                // 屏幕可用高度
                windowHeight:0
        },
        onLoad(){
                // 获取屏幕可用高度
                let windowHeight=wx.getSystemInfoSync().windowHeight
                this.setData({
                        windowHeight
                })
        }
})
```

以上代码定义了视频文件数组 arr，包含 3 个视频的标题、日期与网络地址，还定义了屏幕可用高度为 0。当加载该页面时，通过 wx.getSystemInfoSync().windowHeight 获取当前所用设备的屏幕可用高度，赋值给屏幕可用高度 windowHeight。

第二步：打开 video.wxml 文件，具体页面结构代码如下。

```
<view >
        <!--背景图-->
        <image style="height: {{windowHeight}}px;width: 100%;" class="bg" src="../../images/bg/ bg.jpg">
</image>
```

```
        <!--内容区-->
        <view class="box" style="height: {{windowHeight}}px;">
                <view class="item" wx:for="{{arr}}" wx:key="*this">
                        <view class="item-title">标题:{{item.title}}</view>
                        <view class="item-time">时间:{{item.time}}</view>
                        <video class="item-video" src="{{item.src}}"></video>
                </view>
        </view>

</view>
```

以上代码首先获取屏幕高度，显示背景图片。然后循环遍历数组 arr，生成组件<view>，用来显示多个视频的标题、时间和源文件。

第三步：打开 video.wxss 文件，定义样式代码如下。

```
/* pages/video/video.wxss */

.box{
        width: 100vw;
        z-index:2;
        position: absolute;
        top:0;
        overflow: auto;
}
.item{
        margin:20px auto;
        width:84%;
        padding:3%;
        background-color: #eee;
        box-shadow: 0px 2px 4px 0px rgb(7,17,27,0.2);
}
.item-title{
        font-size: 20px;
        font-weight: bold;
}
.item-time{
        font-size: 15px;
        color: #999;
}
.item-video{
        width: 100%;
        height:160px
}
```

5.3.6 任务 5——制作地图页面

要求：

（1）添加地图组件。

（2）标记出活动酒店地址。

地图页面运行效果如图 5-14 所示。

图 5-14　地图页面

第一步：打开 map.js 文件，写入如下代码。

```
Page({
        data:{
                //屏幕高度
                windowHeight:0,
                // 地图经纬度
                longitude:121.580715,
                latitude:38.887158,
                // 标记点
                markers:[{
                        longitude:121.596234,
                        latitude:38.877950,
                        iconPath:"../../images/icon/map.png",
                        width:50,
                        height:50,
                }]
        },
        onLoad(){//获取屏幕可用高度
                let windowHeight=wx.getSystemInfoSync().windowHeight
                this.setData({
                        windowHeight
                })
 },

})
```

以上代码定义屏幕高度，同时设置地图的经纬度、标记点相关属性。当加载该页面时，通过 wx.getSystemInfoSync().windowHeight 获取当前所用设备的屏幕可用高度，赋值给屏幕可用高度 windowHeight。

第二步：打开 map.wxml 文件，具体页面结构代码如下。

```
<view>
        <map
        class="map"
        longitude="{{longitude}}"
        latitude="{{latitude}}"
        style="height: {{windowHeight}}px;width: 100%;"
        name=""
        scale="13.5"
        markers="{{markers}}"
        ></map>
</view>
```

以上代码使用组件<map>根据 map.js 中定义的经纬度显示地图和标记点信息。

5.3.7　任务 6——制作社员信息提交页面

要求：

（1）添加背景图。

（2）添加表单获取社员信息。

（3）对社员信息进行验证。

社员信息提交页面运行效果如图 5-15 所示。

图 5-15　社员信息提交页面

第一步：打开 guest.js 文件，输入如下代码。

```
Page({
	data:{
		windowHeight:0,
		checkName:true,
		checkPhone:true
	},
	onLoad(){
		// 获取屏幕可用高度
		let windowHeight=wx.getSystemInfoSync().windowHeight
		this.setData({
			windowHeight
		})
	},
	// 提交表单
	formSubmit(e){
		if((e.detail.value.name.length>0 && e.detail.value.phone.length>0) && (this .data.check
Name==true && this.data.checkPhone==true)){
			wx.request({
				method:"POST",
				url:"http://localhost:8000/", // 将表单提交的数据发送给后端服务器处理
				data:e.detail.value,
				success:(res)=>{
					this.show("提交成功")
				},
				fail:(res)=>{
					this.show("提交失败")
				}
			})
		}else{
			this.show("请输入正确的姓名和手机号码")
		}
	},
	// 用户提示
	show(msg){
		wx.showToast({
			title:msg,
			icon:'none'
		})
	},
	//检测姓名格式
	checkName(e){
		var reg=/^[\u4E00-\u9FA5A-Za-z]+$/
		if(!reg.test(e.detail.value)){
```

```
					this.show("姓名输入错误")
					this.setData({
						checkName:false
					})
				}else{
					this.setData({
						checkName:true
					})
				}
			},
			//检测手机号码格式
			checkPhone(e){
				var reg=/^(((13)|(15)|(17)|(18))\d{9})$/
				if(!reg.test(e.detail.value)){
					this.show("手机号码格式错误")
					this.setData({
						checkPhone:false
					})
				}else{
					this.setData({
						checkPhone:true
					})
				}
			}
		})
```

第二步：打开 guest.wxml 文件，创建社员信息输入表单，具体页面结构代码如下。

```
<view>
	<!-- 背景图 -->
	<image style="height: {{windowHeight}}px;width: 100%;" src="../../images/bg/bg.jpg"></image>
	<!-- 内容区 -->
	<view class="box">
		<form bindsubmit="formSubmit">
			<view class="info-box">
				<input name="name" type="text" placeholder="输入您的姓名" bindblur=
"check Name"/>
				<image wx:if="{{!checkName}}" class="err-img" src="../../images/icon/
err .png"> </image>
			</view>
			<view class="info-box">
				<input name="phone" type="text" placeholder="输入您的电话号码"
bindblur="check Phone"/>
				<image wx:if="{{!checkPhone}}" class="err-img" src="../../images/icon/
err.png"> </image>
			</view>
			<view class="info-box">
				<input name="num" type="number" placeholder="参加人数" />
			</view>
			<button form-type="submit" report-submit>发送</button>
```

```
            </form>
        </view>
</view>
```

以上代码定义了表单<form>，包含 3 个输入框，第一个用来输入姓名，绑定事件，当用户输入完姓名离开该输入框时，调用函数 checkName()进行输入验证，如果验证不通过，显示错误提示图片；同样地，对输入的电话号码进行验证，验证函数为 checkPhone()，当用户单击“发送”按钮时，提交表单，调用表单提交处理函数 formSubmit()。如果输入项均通过验证，则显示对话框“提交成果”；否则显示对话框“请输入正确的姓名和手机号码”。数据验证通过后，将表单数据以 POST 方式提交到本地服务器地址 http://localhost:8000/，服务器对发送来的数据进行处理，比如存入文件或数据库表中。

第三步：打开 guest.wxss 文件，输入如下样式代码。

```
/* pages/guest/guest.wxss */
.box{
        width: 80%;
        position: absolute;
        top:0;
        font-size: 20px;
        margin:100px 10%;
}
.info-box{
        width: 100%;
        margin:20px 0;
        position: relative;
}
.info-box input{
        width: 100%;
        height:20px;
        border: 2px solid #ccc;
        padding:10px 0;
        background-color: #fff;
}
.info-box .err-img{
        width: 20px;
        height: 20px;
        position: absolute;
        right: 0;
        top:12px;
        z-index:3;
}
button{
        width: 150px;
        background-color: #6f599c;
        color:#fff;
}
```

第四步：创建后端站点文件夹 nodeServer，新建 index.js 文件，输入如下代码。

```
const express = require('express')
```

```
const bodyParser = require('body-parser')
const app = express()
var fs=require('fs')
app.use(bodyParser.json())

// 处理 POST 请求，将用户提交的数据写入文件
app.post('/', (req, res) => {
    console.log('表单提交的数据:')
    console.dir(req.body)

    // 写入文件
    console.log("准备写入文件");
    fs.appendFile('guest.txt', JSON.stringify(req.body),   function(err) {
        if (err) {
            return console.error(err);
        }
      console.log("数据写入成功！");
    });
});

// 监听 3000 端口
app.listen(8000, () => {
    console.log('server running at http://127.0.0.1:8000')
})
```

以上代码构建了一个 Node.js 服务器，用来接收小程序表单中提交的数据，然后将这些数据写入文件 guest.txt。这样就能将小程序端发送的数据保存下来。

因为表单数据提交至本地服务器，所以在运行时，注意要设置“不校验合法域名”。在邀请函小程序中，单击右上角的“详情”，勾选下面的“不校验合法域名……”，如图 5-16 所示。

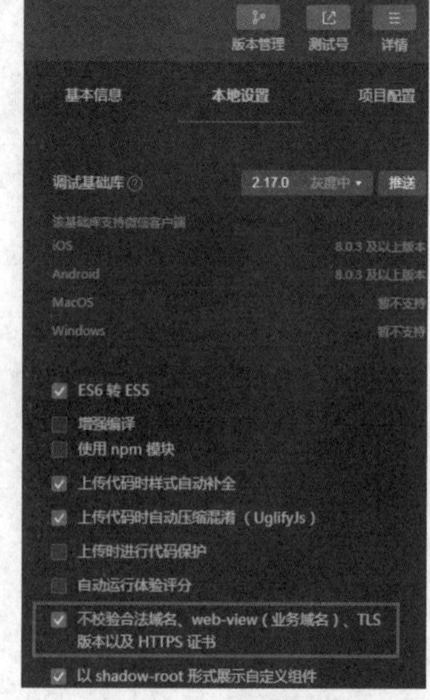

图 5-16　设置不校验域名

配置与运行服务器的过程如下。

（1）先安装 Node.js 运行环境，可以到 Node.js 官网下载。

（2）打开 CMD 窗口，路径切换到站点 nodeServer 下，先执行如下命令来安装 express 依赖包。

```
npm install express
```

（3）编写 index.js 代码，然后在 CMD 窗口中将路径切换到 nodeServer 文件夹下，输入如下命令启动服务器。

```
node index.js
```

（4）在小程序端提交数据，查看 nodeServer 文件夹下的 guest.txt 文件，发现提交数据已保存，文件截图如图 5-17 所示。

此时，服务器端文件夹 nodeServer 中的文件列表如图 5-18 所示。

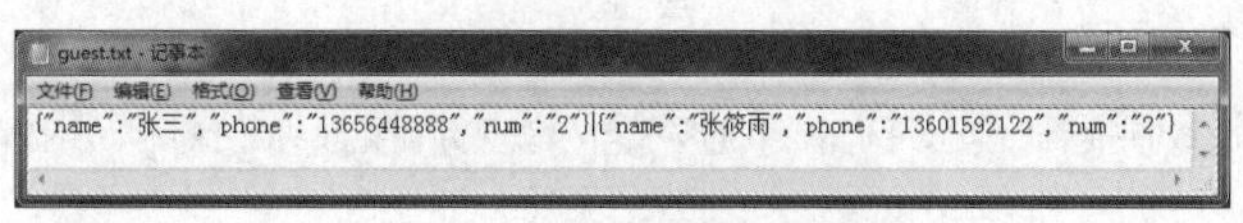

图 5-17　表单数据保存至文件

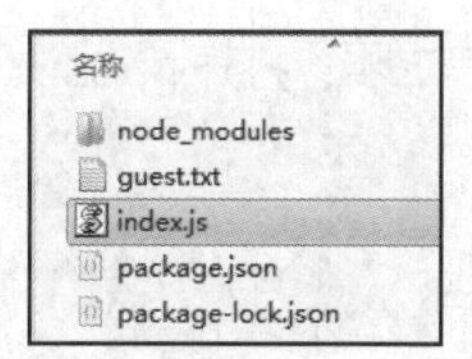

图 5-18　服务器端文件夹

5.3.8　任务 7——添加心跳动画

要求：“发送”按钮有心跳动画，即按钮按照一定的时间间隔改变大小，动画运行效果如图 5-19 所示。

第一步：打开 guest.js 文件，添加动画函数 animation()并在 onShow()中调用函数 animation()，具体代码如下。

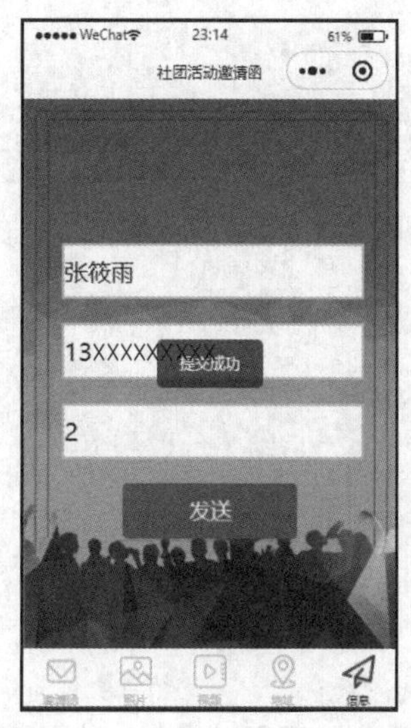

图 5-19　“发送”按钮心跳动画

```
onShow(){
        this.animationMiddleHeaderItem()
},

// 心跳动画
    animationMiddleHeaderItem() {
        var circleCount = 0;
        // 心跳的外框动画
        var animation = wx.createAnimation({
            duration: 1000, // 以毫秒为单位
            timingFunction: 'linear',
            delay: 100,
            transformOrigin: '50% 50%',
            success: function(res) {}
        });
        setInterval(function() {
            if (circleCount % 2 == 0) {
                animation.scale(1.3).step();
            } else {
                animation.scale(1.0).step();
            }
            this.setData({
                animation: animation.export() // 输出动画
            });
            circleCount++;
            if (circleCount == 1000) {
                circleCount = 0;
            }
        }.bind(this), 1000);
    }
```

以上代码定义了心跳动画的效果，并在显示页面时调用该动画。动画的实现原理是：通过 wx.createAnimation 创建一个动画实例 animation，为按钮添加以 1 秒为间隔的缩放动画，“linear”说明动画从头到尾播放的速度是相同的。

第二步：打开 guest.wxml 文件，为“发送”按钮添加动画效果，具体页面结构代码如下。

```
<view>
    <!-- 背景图 -->
    <image style="height: {{windowHeight}}px;width: 100%;" src="../../images/bg/bg.jpg"></image>
    <!-- 内容区 -->
    <view class="box">
        <form bindsubmit="formSubmit">
            <view class="info-box">
                <input  name="name"  type="text"  placeholder="输入您的姓名"
bindblur="check Name"/>
                <image   wx:if="{{!checkName}}"  class="err-img"  src="../../images/icon/
err.png"> </image>
            </view>
            <view class="info-box">
                <input  name="phone"  type="text"  placeholder="输入您的电话号码"
bindblur="check Phone"/>
                <image wx:if="{{!checkPhone}}" class="err-img" src="../../images/icon/
err.png"> </image>
            </view>
            <view class="info-box">
                <input name="num" type="number" placeholder="参加人数" />
            </view>
            <button form-type="submit"animation="{{animation}}"  report-submit>发送</button>
        </form>
    </view>
</view>
```

以上代码通过<button>的 animation 属性调用 guest.js 中定义的函数 animation()，为“发送”按钮添加心跳动画。

5.4 小 结

本章完成了邀请函小程序的制作，首先介绍了要完成本案例需要的知识，包括图片组件、音频组件、视频组件、地图组件、动画对象等，通过一些示例演示了每种组件的基本使用方法。最后对邀请函小程序进行了分析与设计，把整个任务分解成了邀请函页面、照片展示页面、视频页面、地图页面、社员信息提交页面等多个子任务，并依次实现了这几个子任务。通过对这些内容的学习，读者可以掌握小程序开发中相关组件的综合使用方法，为进一步学习和运用小程序开发打下基础。

5.5 课后习题

一、选择题

1. 关于 image 组件，下列说法中错误的是（　　）。

A. 图片组件支持 JPG、PNG、SVG、WEBP、GIF 等格式

B. image 组件主要属性有 src、mode、lazy-load 等

C. 属性 mode 表示图片资源地址
D. 属性 lazy-load 设置图片懒加载

2. 关于音频和视频组件，下列说法中正确的是（　　）。
A. src 属性说明要播放音频、视频的资源地址
B. loop 默认值为重复播放
C. 音频和视频都允许发送弹幕
D. 当暂停音/视频的播放时触发 bindplay 事件

3. 关于动画对象，下列说法中错误的是（　　）。
A. 在小程序中，通常可以使用 CSS 渐变和 CSS 动画来创建简易的界面动画
B. 可以使用 wx.createAnimation 接口来动态创建简易的动画效果
C. 通过动画实例的 exports 方法可以导出动画数据
D. 传递给组件的 animation 属性用来调用动画实例

4. 在邀请函小程序中，轮播图垂直切换是通过设置（　　）组件的 vertical 属性来实现的。
A. swiper-item　　B. swiper
C. image　　D. swiper 和 image

5. 在邀请函小程序中，通过（　　）获取表单组件中输入的值。
A. e.target.id　　B. e.submit.value
C. e.form.value　　D. e.detail.value

二、填空题

1. image 组件的（　　）属性表示图片展示模式。
2.（　　）组件用来播放视频。
3. wx.（　　）接口用来创建 audio 上下文 AudioContext 对象。
4. wx.（　　）接口用来创建 vedio 上下文 VideoContext 对象。
5. map 组件的（　　）属性可以展示地图的标记点。

三、简答题

1. 简述组件加载动画效果的基本思路。
2. 简述使用 Node.js 服务器将邀请函表单提交的数据保存至文件的思路。

第6章 文件管理小程序

06

▶ 内容导学

本章通过文件管理小程序，实现创建文件目录、删除文件目录、获取文件信息、获取本地文件列表、添加文档、添加文档内容等功能。

▶ 学习目标

① 理解代码包文件和本地文件的区别。
② 理解本地文件中临时文件、缓存文件和用户文件的区别。
③ 掌握文件 API wx.getFileInfo 的使用方法。
④ 掌握文件 API FileSystemManager.readdir 的使用方法。
⑤ 掌握文件 API FileSystemManager.mkdir 的使用方法。
⑥ 掌握文件 API FileSystemManager.rmdir 的使用方法。
⑦ 掌握文件 API wx.openDocument 的使用方法。
⑧ 能够对文件管理小程序进行分析及代码实现。

6.1 文 件

6.1.1 文件系统

文件系统是小程序提供的一套以小程序和用户维度隔离的存储系统及一套相应的管理接口。微信小程序开发中文件主要分为两大类。

- 代码包文件：指的是在该项目目录中添加的文件。
- 本地文件：通过调用接口在本地产生，或通过网络下载下来存储到本地的文件。

1. 代码包文件

由于代码包文件的大小有限制，代码包文件适用于放置首次加载时需要的文件，对于内容较大或需要动态替换的文件，不适合添加到代码包中，更适合在小程序启动之后用下载接口下载到本地。

代码包文件的访问方式是从项目根目录开始写文件路径，不支持相对路径，例如：/a/b/c。

代码包内的文件无法在运行后动态修改或删除，修改代码包文件需要重新发布版本。

2. 本地文件

本地文件指的是小程序被用户添加到手机后的一块独立的文件存储区域，以用户维度隔离。即同一部手机上，每个微信用户不能访问其他登录用户的文件，同一个用户不同 AppID 之间的文件也不能互相访问，如图 6-1 所示。

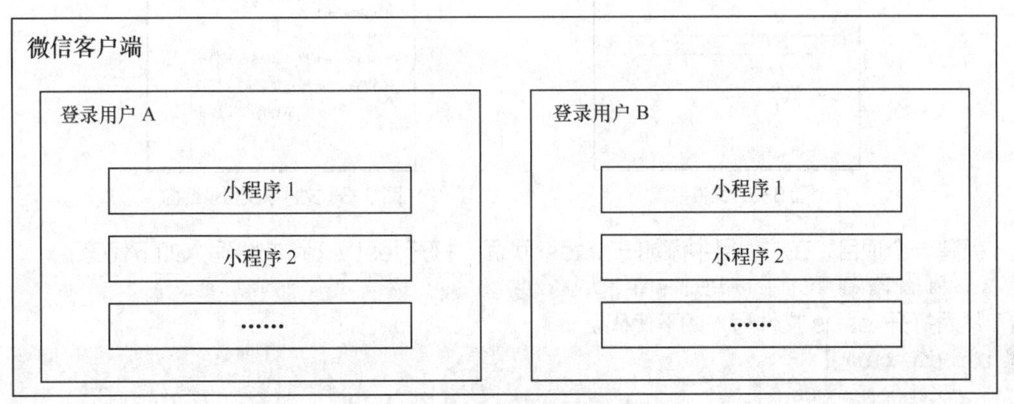

图 6-1　不同用户文件系统示意图

本地文件的文件路径均为以下格式。

```
{{协议名}}://文件路径
```

需要注意的是，协议名在 iOS/Android 客户端为“wxfile”，在开发者工具上为“http”，开发者无须关注这个差异。

本地文件又分为以下 3 种。

① 本地临时文件：临时产生，随时会被回收的文件，不限制存储大小。

② 本地缓存文件：小程序通过接口缓存本地临时文件后产生的文件，不能自定义目录和文件名。与本地用户文件共计存储空间大小，小程序（含小游戏）最多可存储 200MB。

③ 本地用户文件：小程序通过接口把本地临时文件缓存后产生的文件，允许自定义目录和文件名。与本地缓存文件共计存储空间大小，小程序（含小游戏）最多可存储 200MB。

下面分别详细介绍这 3 种文件。

（1）本地临时文件

本地临时文件只能通过调用特定接口产生，不能直接写入内容。本地临时文件产生后，仅在当前生命周期内有效，重启之后即不再可用。因此，不能把本地临时文件路径存储起来下次使用。如果需要下次使用，可通过 FileSystemManager.saveFile()或 FileSystemManager.copyFile()接口把本地临时文件转换成本地缓存文件或本地用户文件。

使用微信开发者工具时可以按照图 6-2 所示打开本地文件系统目录。

打开后，可以看到计算机上文件系统的目录结构，如图 6-3 所示。

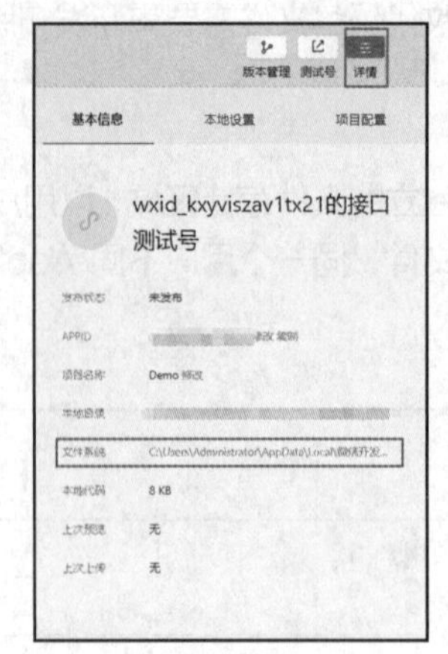

图 6-2　文件系统

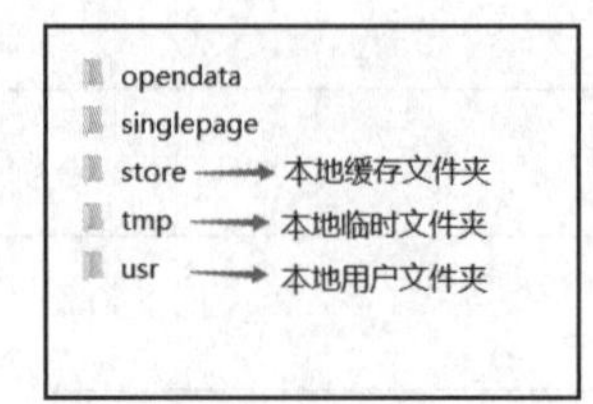

图 6-3　文件系统目录结构

新建一个项目，在该项目中添加一个 test 页面，打开 test.wxml 文件写入如下代码。

```
<buttonbindtap="btntap">单击选择图片</button>
```

然后打开 test.js 文件写入如下代码。

```
btntap:function(){
    wx.chooseImage({
    success: function (res) {
      var tempFilePaths = res.tempFilePaths // tempFilePaths 的每一项是一个本地临时文件路径
    }
    })
}
```

其中 wx.chooseImage() API 函数实现从本地选择图片。首先保存文件，编译运行后，在页面上单击“单击选择图片”按钮，选择一张本地图片。然后打开文件系统目录的 tmp 文件夹，可以看到文件夹中出现了已选择的图片，如图 6-4 所示。需要注意的是，此时的文件名是由系统随机生成的。

图 6-4　临时文件

（2）本地缓存文件

本地缓存文件只能通过调用特定接口产生，不能直接写入内容。本地缓存文件产生后，重启之后仍可用。本地缓存文件只能通过 FileSystemManager.saveFile() API 函数保存本地临时文件。

修改上面的代码，将 test.wxml 文件中的代码修改为如下代码。

```
<button bindtap="btntap">单击选择图片</button>
<button bindtap="btntapsave">单击保存图片</button>
```

然后打开 test.js 文件，将代码修改为如下代码。

```
Page({
    data:{
      FilePath:"
    },
    btntap: function () {
      var that=this;
      wx.chooseImage({
        success: function (res) {
```

```
            var tempFilePaths = res.tempFilePaths; // tempFilePaths 的每一项是一个本地临时文件路径
            that.setData({
              FilePath:tempFilePaths[0]
            })
          }
        })
      },
      btntapsave: function () {
        var fs = wx.getFileSystemManager();
        fs.saveFile({
          tempFilePath: this.data.FilePath, // 传入一个本地临时文件路径
          success(res) {
            console.log(res.savedFilePath) // res.savedFilePath 为一个本地缓存文件路径
          },
          fail:function(res){
            console.log(res)
          }
        })
      }
    })
```

保存文件，编译运行后，在页面上单击“单击选择图片”按钮，选择一张本地图片。然后单击页面上的“单击保存图片”按钮，就能将本地临时文件保存为本地缓存文件。在文件系统目录下打开 store 文件夹即可看到新保存的文件。

（3）本地用户文件

本地用户文件是微信小程序 1.7.0 版本新增的概念，给开发者提供了一个用户文件目录，开发者对这个目录有读写权限。通过 wx.env.USER_DATA_PATH 可以获取这个目录的路径。

继续修改代码，在 test.wxml 文件中增加以下代码。

```
<buttonbindtap="btntapsavefile">单击保存文件</button>
```

然后打开 test.js 文件，增加以下代码。

```
btntapsavefile:function(){
    const fs = wx.getFileSystemManager();
    const saveFilePath=wx.env.USER_DATA_PATH;
    fs.writeFileSync(saveFilePath+"/hello.txt", 'hello, world', 'utf8');
}
```

保存文件运行后，在页面上单击“单击保存文件”按钮，此时在本地用户文件夹中创建了 hello.txt 文件。在文件系统下打开 usr 文件夹即可看到新保存的文件，打开文件，里面的内容为“hello,world”，如图 6-5 所示。

需要注意的是：

① 本地临时文件只保证在小程序当前生命周期内可用，一旦小程序被关闭，其就可能被清理，即下次重新启动时不保证可用。

② 本地缓存文件和本地用户文件的清理时机与代码包一样，只有在代码包被清理时才会被清理。例如，如果开发者选择工具栏中的清除缓存的选项，如图 6-6 所示，则以上 3 个文件夹中的文件及文件夹会被清空。

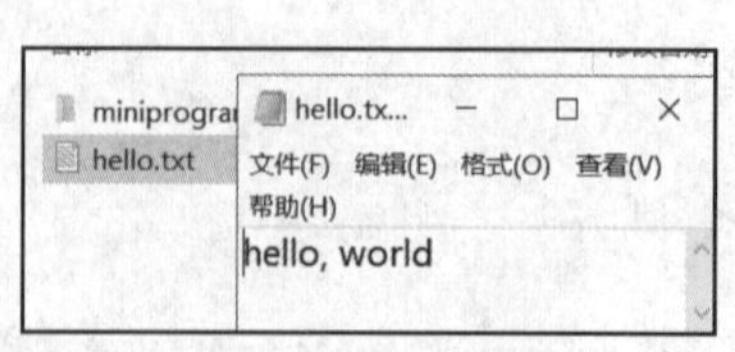

图 6-5 用户文件

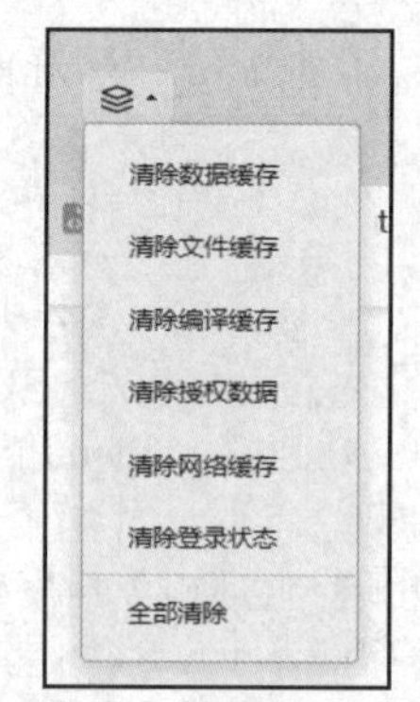

图 6-6 清除缓存功能

6.1.2 获取文件信息

本节开始学习文件 API。文件 API 可以执行文件打开、保存，目录创建、删除等操作。

1. wx.getFileInfo()

此 API 函数可以获取本地用户文件信息，具体参数如表 6-1 所示。

表 6-1 wx.getFileInfo()参数列表

属性	类型	默认值	是否必填	说明
filePath	string		是	本地文件路径（本地路径）
digestAlgorithm	string	'md5'	否	计算文件摘要的算法
success	Function		否	接口调用成功的回调函数
fail	Function		否	接口调用失败的回调函数
complete	Function		否	接口调用结束的回调函数（无论是调用成功还是调用失败都会执行）

API 的代码如下。

```
wx.getFileInfo({
  filePath: filePath,//添加文件的路径
  success: (res)=> {
    this.show("文件大小:" + res.size)
  },
  fail: (res)=> {
    this.show("获取文件信息失败")
  }
})
```

2. wx.getSavedFileInfo()

此 API 函数也可以获取文件信息，但是它只能获取 store 文件夹中的文件，具体参数如表 6-2 所示。

表 6-2　wx.getSavedFileInfo()参数列表

属性	类型	默认值	是否必填	说明
filePath	string		是	文件路径（本地路径）
success	Function		否	接口调用成功的回调函数
fail	Function		否	接口调用失败的回调函数
complete	Function		否	接口调用结束的回调函数（无论是调用成功还是调用失败都会执行）

API 的使用代码如下。

```
wx.getSavedFileInfo({
  filePath: filePath,//添加文件的路径
  success: function (res) {
    console.log("文件大小:" + res.size);
  },
  fail: function (res) {
    console.log("获取文件信息失败");
  }
})
```

6.1.3　获取本地文件列表

通过 FileSystemManager.readdir() API 函数可以获取本地文件列表，具体参数如表 6-3 所示。

表 6-3　FileSystemManager.readdir()参数说明

属性	类型	默认值	是否必填	说明
dirPath	string		是	要读取的目录路径（本地路径）
success	Function		否	接口调用成功的回调函数
fail	Function		否	接口调用失败的回调函数
complete	Function		否	接口调用结束的回调函数（无论是调用成功还是调用失败都会执行）

API 的代码如下。

```
//获取文件列表
getList() {
    let fs = wx.getFileSystemManager();
    fs.readdir({
      dirPath: wx.env.USER_DATA_PATH,//用户文件夹路径
      success: res => {
        console.log(res.files)
      }
    })
}
```

6.1.4　创建目录

通过 FileSystemManager.mkdir() API 函数可以创建目录，具体参数如表 6-4 所示。

表 6-4　　FileSystemManager.mkdir()参数说明

属性	类型	默认值	是否必填	说明
dirPath	string		是	要读取的目录路径（本地路径）
recursive	boolean	false	否	是否在递归创建该目录的上级目录后再创建该目录。如果对应的上级目录已经存在，则不创建该上级目录。例如，如果 dirPath 为 a/b/c/d 且 recursive 为 true，将创建 a 目录，再在 a 目录下创建 b 目录，以此类推直至创建 a/b/c 目录下的 d 目录
success	Function		否	接口调用成功的回调函数
fail	Function		否	接口调用失败的回调函数
complete	Function		否	接口调用结束的回调函数（调用成功、失败都会执行）

API 的代码如下。

```
//添加目录
addDir() {
    let fs = wx.getFileSystemManager();
    fs.mkdir({
        dirPath: dirPath,//添加目录的路径
        success: data => {
            this.show("添加成功")
        },
        fail: res => {
            this.show("创建失败")
        }
    })
}
```

6.1.5　删除目录

通过 FileSystemManager.rmdir() API 函数可以删除目录，具体参数如表 6-5 所示。

表 6-5　　FileSystemManager.rmdir()参数说明

属性	类型	默认值	是否必填	说明
dirPath	string		是	要删除的目录路径（本地路径）
recursive	boolean	false	否	是否递归删除目录。如果该属性值为 true，则删除该目录和该目录下的所有子目录及文件
success	Function		否	接口调用成功的回调函数
fail	Function		否	接口调用失败的回调函数
complete	Function		否	接口调用结束的回调函数（无论是调用成功还是调用失败都会执行）

API 的代码如下。

```
//添加目录
rmDir(){
 let fs = wx.getFileSystemManager();
 fs.rmdir({
   dirPath: dirPath,//删除目录的路径
```

```
success: data => {
        this.show("添加成功")
    },
    fail: res => {
        wx.showToast({
          title: "删除失败",
          icon: 'none'
        })
    }
  })
}
```

6.1.6 打开文件

通过 wx.openDocument() API 函数可以打开指定文件，具体参数如表 6-6 所示。

表 6-6　　wx.openDocument()参数说明

属性	类型	默认值	是否必填	说明
filePath	string		是	文件路径（本地路径），可通过 downloadFile 获得
showMenu	boolean	false	否	是否显示右上角菜单
fileType	string		否	文件类型，指定文件类型打开文件
success	Function		否	接口调用成功的回调函数
fail	Function		否	接口调用失败的回调函数
complete	Function		否	接口调用结束的回调函数（无论是调用成功还是调用失败都会执行）

其中，fileType 属性的取值控制打开文件的类型，主要可以打开 word、excel、ppt、pdf 格式的文件。

```
//打开文件
    wx.openDocument({
    filePath: filePath,
    success: function (res) {
    console.log('打开文件成功')
    }
    })
}
```

6.2 案例：文件管理小程序

6.2.1 案例分析

文件管理小程序主要实现小程序端文件目录管理，包括创建文件目录、删除文件目录、获取文件列表和信息、读取文件内容等功能。完成之后的效果如图 6-7 所示。

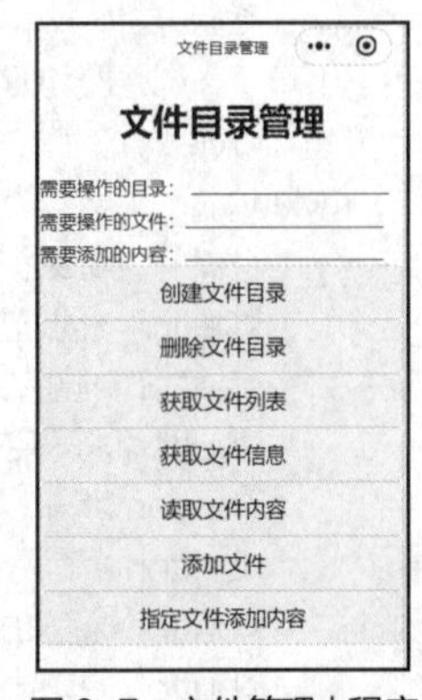

图 6-7　文件管理小程序

该小程序实现的功能如下。

（1）创建文件目录：在用户目录下创建新的文件夹目录。

（2）删除文件目录：在用户目录下删除需要操作的目录。

（3）获取文件列表：获取用户目录下文件列表。

（4）获取文件信息：读取需要操作的文件的相关信息。

（5）读取文件内容：读取需要操作的文件的内容。

（6）添加文件：选择一个文件添加到用户目录下。

（7）指定文件添加内容：向需要操作的文件中添加内容。

相关 API 的知识在前面已经进行说明，这里不再赘述。下面通过子任务来分别实现上面的功能。

新建一个空项目，项目名称为“文件目录管理”。

6.2.2 任务 1——页面的实现

要求：

（1）在页面标题栏上显示“文件目录管理”。

（2）实现输入需要操作的目录、文件的功能。

（3）添加相关目录及文件的操作功能按钮。

显示效果如图 6-7 所示。

在页面上添加 3 个外层 view 组件：第 1 个外层 view 组件显示标题；在第 2 个外层 view 组件中加入 input 组件，让用户输入需要操作的目录、需要操作的文件、需要添加的内容；在第 3 个 view 组件中添加功能按钮。

打开 index.wxml 文件，写入如下页面文件代码。

```
<view class="title">文件目录管理</view> <!-- 第 1 个外层 view -->
<view><!-- 第 2 个外层 view -->
    <view>
        需要操作的目录：
        <input bindinput="changeInputValue" value="{{inputValue}}" type="text" />
    </view>
    <view>
        需要操作的文件：<input bindinput="changeInputfileValue" value="{{inputfileValue}}" type="text" />
    </view>
    <view>
        需要添加的内容：<input bindinput="changeInputContent" value="{{inputContent}}" type="text" />
    </view>
</view>
<view><!-- 第 3 个外层 view -->
    <button >创建文件目录</button>
    <button >删除文件目录</button>
    <button >获取文件列表</button>
    <button >获取文件信息</button>
    <button >读取文件内容</button>
    <button >添加文件</button>
    <button >指定文件添加内容</button>
```

```
</view>
```

6.2.3 任务 2——目录功能的实现

要求:

（1）在本地用户文件目录中实现创建文件目录功能。

（2）在本地用户文件目录中实现删除文件目录功能。

第一步：实现创建文件目录的功能。

首先在 index.wxml 上添加创建文件目录，主要是在 button 上绑定 addDir 事件，具体代码如下。

```
<buttonbindtap="addDir">创建文件目录</button>
```

然后在 index.js 文件中定义文件对象 fs 来处理文件，定义 dirPath 需要操作的目录路径、filePath 需要操作的文件路径。在 data 中定义 3 个 input 的目录名，在生命周期函数 onload()中引入文件处理 API 函数 wx.getFileSystemManager()，为后续处理文件做准备。编写事件处理函数 changeInputValue()来确定要操作的目录路径，以及将用户输入的目录名赋值给对应的目录名 inputvalue 并显示在页面上。编写函数 show()，用来提示用户目录是否创建成功。具体代码如下。

```
var fs;//文件对象
var dirPath;//要操作的目录路径
var filePath;//要操作的文件路径
Page({
  data: {
    inputValue: '',//用户输入要操作的目录名
    inputfileValue: '',//用户输入要操作的文件名
    inputContent: ''//用户输入要操作的文本
  },
  onLoad() {
    fs = wx.getFileSystemManager();
  },
  //用户输入目录名
  changeInputValue(e) {
    dirPath=wx.env.USER_DATA_PATH + "/" + e.detail.value;
    this.setData({
      inputValue: e.detail.value
    })
  },
  // 提示用户
  show(title){
    wx.showToast({
      title: title,
      icon: "none"
    })
  }
})
```

在 index.js 文件中添加按钮创建文件目录的事件函数 addDir()，该函数使用文件 API 函数 FileSystemManager.mkdir()创建文件目录。添加目录的路径是由 input 绑定的事件函数 changeInputValue()确定的路径 dirPath。如果当前目录不存在，则显示“创建成功”；如果当前

目录存在，则显示“创建失败”。具体代码如下。

```
    //添加目录
    addDir() {
      fs.mkdir({
        dirPath: dirPath,
        success: data => {
          this.show("创建成功")
        },
        fail: res => {
          this.show("创建失败")
        }
      })
    }
```

第二步：实现删除文件目录功能。

在 index.wxml 上添加删除文件目录，主要是在 button 上绑定 rmDir 事件，具体代码如下。

```
<buttonbindtap="rmDir">删除文件目录</button>
```

在 index.js 文件中，添加 check()函数检测路径是否正确。然后添加按钮删除文件目录的事件函数 rmDir()，该函数调用 check()函数检测路径是否存在，当输入的目录文件不存在时，将显示“路径不存在”；当目录文件存在时，使用文件 API 函数 FileSystemManager.rmdir()删除文件目录，删除目录的路径是由 input 绑定的事件函数 changeInputValue()确定的路径 dirPath，如果成功，则显示“删除成功”，具体代码如下。

```
  //检测路径是否正确
    check(path, callback) {
      fs.access({
        path: path,
        success: (res) => {
          if (typeof callback == 'function') {
            callback()
          }
        },
        fail: (res) => {
          //提示用户路径不存在
          console.log(path)
          this.show("路径不存在")
        }
      })
    },

  //删除目录
    rmDir() {
      this.check(dirPath,()=>{
        fs.rmdir({
          dirPath: dirPath,
          success: data => {
            this.show("删除成功")
          },
```

```
            fail: res => {
              this.show("删除失败")
            }
          })
        })
      },
```

6.2.4 任务 3——文件功能的实现

要求：

（1）实现获取本地用户文件目录中文件列表功能。

（2）实现获取需要的操作文件的相关文件信息功能。

（3）实现读取需要的操作文件的文件内容功能。

（4）实现向本地用户文件目录添加文件功能。

（5）实现向需要操作的文件添加内容功能。

第一步：实现获取本地用户文件目录中文件列表的功能。

首先在 index.wxml 上添加获取文件列表，主要是在 button 上绑定 getList 事件，具体代码如下。

```
<buttonbindtap="getList">获取文件列表</button>
```

然后在 index.js 文件中添加获取文件列表的事件函数 getList()，该函数使用文件 API 函数 FileSystemManager.readdir()读取文件列表。路径为当前用户路径，读取成功后将获取到的文件列表赋值给 list 变量以便在界面中显示出来。具体代码如下。

```
//获取当前文件列表
getList() {
    fs.readdir({
        dirPath: wx.env.USER_DATA_PATH,
        success: res => {
            this.setData({
                list: res.files
            })
        }
    })
}
```

第二步：获取需要操作文件的相关文件信息。

获取文件信息主要是在 button 上绑定 getFileInfo 事件，具体代码如下。

```
<buttonbindtap="getFileInfo">获取文件信息</button>
```

然后在 index.js 文件中添加获取文件列表的事件函数 getFileInfo()，该函数使用文件 API 函数 wx.getFileInfo()读取文件相关大小等信息。路径是由 input 绑定的事件函数 changeInputValue()确定的路径 dirPath。当在需要操作的文件上输入正确的文件名时，显示“文件读取成功”，以及在调试台显示文件大小和文件摘要；当输入的文件名有误时，显示“路径不存在”；当输入非文件名时，则提示“获取文件信息失败”。具体代码如下。

```
//得到文件信息
getFileInfo() {
    this.check(filePath, ()=>{
```

```
            wx.getFileInfo({
              filePath: filePath,
              success: (res)=> {
                  this.show("文件大小:" + res.size);
                  console.log("文件大小:" + res.size);
                  console.log("文件摘要:" + res.digest);
              },
              fail: (res)=> {
                    this.show("获取文件信息失败")
              }
            })
        })
}
```

第三步：读取需要操作文件的文件内容。

读取文件内容主要是在 button 上绑定 readFile 事件，具体代码如下。

```
<buttonbindtap="readFile">读取文件内容</button>
```

然后在 index.js 文件中添加读取文件内容的事件函数 readFile()，该函数使用文件 API 函数 FileSystemManager.readFile()读取文件内容。路径是由 input 绑定的事件函数 changeInputValue()确定的路径 dirPath。当在需要操作的文件上输入正确的文件名时，在界面中显示“内容读取成功”；当输入的文件名有误时，显示“路径不存在”；当输入非文件名时，则提示“内容读取失败”。具体代码如下。

```
//读取文件
readFile() {
      this.check(filePath,()=>{
        fs.readFile({
          filePath: filePath,
          encoding: "utf-8",
          success:(res)=> {
            this.setData({
              list:[res.data]
            })
            this.show("内容读取成功")
          },
          fail:(res)=> {
            this.show("内容读取失败")
          }
        })
      })
}
```

第四步：向本地用户文件目录添加文件。

添加文件主要是在 button 上绑定 addFile 事件，具体代码如下。

```
<buttonbindtap="addFile">添加文件</button>
```

然后在 index.js 文件中添加添加文件的事件函数 addFile()，该函数使用 API 函数 wx.chooseMessageFile()选择需要添加的文件，通过文件 API 函数 FileSystemManager.SaveFile()将文件保存到用户文件，然后利用 API 函数 FileSystemManager.rename()将文件从

oldPath 移动到 newPath。具体代码如下。

```
//添加文件
  addFile() {
  // 选择文件获取临时地址
    wx.chooseMessageFile({
      success: (res) => {
        const name = res.tempFiles[0].name;
        // 将文件保存至本地
        fs.saveFile({
          tempFilePath: res.tempFiles[0].path,
          filePath: "http://store/",
          success: (res) => {
            // 重命名
            fs.rename({
              oldPath: res.savedFilePath,
              newPath: wx.env.USER_DATA_PATH + "/" + name,
              success: (res) => {
                this.getList()
                this.show("文件添加成功")
              },
              fail: (res) => {
                this.show("文件添加失败")
              }
            })
          },
          fail: (res) => {
            this.show("文件添加失败")
          }
        })
      }
    })
  }
```

第五步：向需要操作的文件添加内容。

指定文件添加内容主要是在 button 上绑定 writeFile 事件，具体代码如下。

```
<buttonbindtap="writeFile">指定文件添加内容</button>
```

然后在 index.js 文件中添加事件函数 writeFile()，该函数通过使用文件 API 函数 FileSystemManager.appendFile()实现向指定文件结尾追加内容。路径是由 input 绑定的事件函数 changeInputValue()确定的路径 dirPath，追加的内容为输入的内容。内容添加成功后，调用 readFile()函数读取文件的内容并显示，具体代码如下。

```
  //向文件追加内容
  writeFile() {
    this.check(filePath,()=>{
      fs.appendFile({
        filePath: filePath,
        data: this.data.inputContent,
        encoding: "utf-8",
```

```
            success:(res) =>{
              this.readFile()
              this.show("内容添加成功")
            },
            fail:(res)=> {
              this.show("内容添加失败")
            }
          })
        })
      }
```

6.3 小 结

本章完成了文件管理小程序首页的制作，首先介绍了完成本案例需要的知识，包括文件系统及相关的文件系统 API 函数等，然后通过一些示例演示了每种 API 函数的基本使用方法，最后对文件管理小程序进行了分析与设计，把整个任务分解成了页面的实现、目录功能的实现及文件功能的实现 3 个子任务，并依次实现了这 3 个子任务。通过学习这些内容，读者可以掌握小程序开发中文件系统相关 API 的使用方法，在面对类似项目的开发时能够做到举一反三。

6.4 课后习题

一、选择题

1. 下列关于微信小程序文件操作 API 描述错误的是（　　）。
   A. wx.openDocument()用于在当前页面打开文件
   B. wx.saveFile()用于保存文件到本地
   C. wx.removeSaveFile()用于删除本地缓存文件
   D. wx.getFileInfo()用于获取文件信息
2. 函数 wx.getFileInfo (Object object)的参数属性（　　）为本地文件大小，以字节为单位。
   A. fail　　B. success　　C. size　　D. createTime
3. 在微信小程序的页面组件中，按钮组件用（　　）表示。
   A. <block>　　B. <img>　　C. <image>　　D. <button>
4. 本地文件不包括以下哪种文件（　　）。
   A. 临时文件　　B. 缓存文件　　C. 用户文件　　D. 代码包文件
5. 从本地选择图片的 API 函数是（　　）。
   A. wx.chooseImage()　　B. wx.chooseVideo()
   C. wx.chooseMessageFile()　　D. wx.previewImage()

二、判断题

1. 本地缓存文件只能通过调用特定接口产生，不能直接写入内容。（　　）
2. 开发者拥有对本地用户文件读写的权限。（　　）
3. 使用文件 API 函数 wx.getFileInfo()能够实现获取文件列表的功能。（　　）

4. 使用文件 API 函数 FileSystemManager.readdir()能够实现读取文件的功能。(　　)
5. 可以通过 FileSystemManager.saveFile()将文件存储为临时文件。(　　)

三、填空题

1. (　　) 文件指的是在该项目目录中添加的文件。
2. (　　) 文件是临时产生，随时会被回收，并且不限制存储大小。
3. wx.getFileInfo(Object object)的参数属性 (　　) 给定本地文件路径。

四、简答题

1. 请简单地设计一个添加文件目录，并向当前目录添加文件的小程序。
2. 简述实现文件添加功能的方法。
3. 请简述 FileSystemManager.readFile()、FileSystemManager.readdir()的作用，并说明它们的区别。

第7章 你画我猜小程序

07

▶ 内容导学

在小程序的使用过程中，有时需要绘制图形，此时可以通过 canvas 组件来实现绘图功能。另外，分享操作可以把有趣的内容分享给好友。

本章将向读者介绍画布和分享的相关知识。另外，通过你画我猜小程序案例，引导读者逐步实现绘图、颜色选取、擦除、撤销、分享等功能。通过实际案例的任务分析与操作，读者能够更好地掌握微信小程序中画布与分享的使用方法。

▶ 学习目标

① 熟练掌握 canvas 组件的使用方法。
② 掌握图片生成 API 的使用方法。
③ 熟练掌握图片分享 API 的使用方法。

7.1 画 布

画布（canvas）组件是微信小程序中的原生组件。它默认的宽度是 300px、高度是 150px。

7.1.1 画布基础知识

canvas 的具体属性如表 7-1 所示。

表 7-1 canvas 的具体属性

属性	类型	是否必填	说明
type	string	否	指定 canvas 类型，支持 canvas 2d（v2.9.0）和 WebGL（v2.7.0）
canvas-id	string	否	canvas 组件的唯一标识符，若指定了 type，则无须指定该属性
disable-scroll	boolean	否	当在 canvas 中移动时且有绑定手势事件时，禁止屏幕滚动及下拉刷新
bindtouchstart	eventhandle	否	手指触摸动作开始
bindtouchmove	eventhandle	否	手指触摸后移动
bindtouchend	eventhandle	否	手指触摸动作结束

续表

属性	类型	是否必填	说明
bindtouchcancel	eventhandle	否	手指触摸动作被打断，如来电提醒、弹窗
bindlongtap	eventhandle	否	手指长按 500 毫秒之后触发，触发后手指移动不会触发屏幕的滚动
binderror	eventhandle	否	当发生错误时触发 error 事件，detail = {errMsg}

需要注意以下 7 点。

（1）同一页面中的 canvas-id 不可重复，如果使用一个已经出现过的 canvas-id，该<canvas>标签对应的画布将被隐藏并不再正常工作。

（2）请注意原生组件使用限制。

（3）开发者工具中默认关闭了 GPU 硬件加速，可在开发者工具的设置中开启“硬件加速”来提高 WebGL 的渲染性能。

（4）WebGL 支持通过 getContext('webgl',{alpha:true})获取透明背景的画布。

（5）canvas 2d（新接口）需要显式设置画布宽高，默认：300px × 150px；最大：1365px × 1365px。

（6）避免设置的尺寸太大，在安卓下会有 crash 的问题。

（7）iOS 暂不支持 pointer-events。

7.1.2 画布小程序

下面通过一个示例演示 canvas 组件的使用方法。在页面上创建一个<canvas>标签，在对应的.js 代码中创建 canvas 绘图上下文，通过 canvas-id 绑定到页面中的<canvas>标签。

第一步：创建一个空项目，在 index.wxml 文件中写入如下页面结构代码。

```
<view>
    <!--绘制黄色矩形-->
    <canvas canvas-id='customCanvas'></canvas>
</view>
```

第二步：打开 index.js 文件，写入如下事件处理代码。

```
Page({
    onReady(){
        constctx=wx.createCanvasContext('customCanvas');
        ctx.setFillStyle('yellow');
        ctx.fillRect(30,30,100,50);
        ctx.draw();
    }
})
```

保存以上代码，页面上会显示一个黄色的矩形，执行效果如图 7-1 所示。

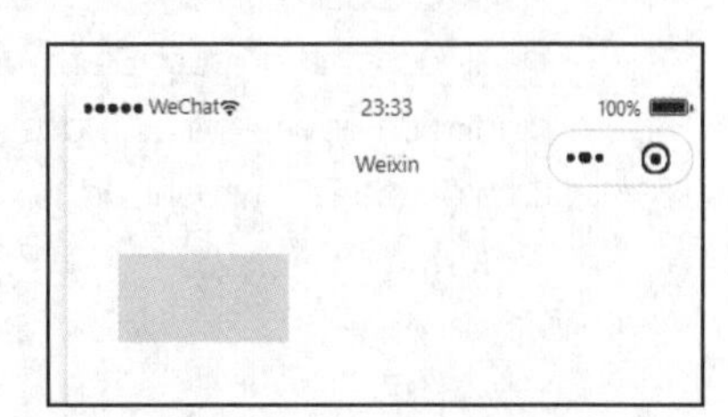

图 7-1 canvas 组件演示

7.2 案例：你画我猜小程序

7.2.1 案例分析

你画我猜小程序可以根据题目要求绘制图形，同时可以将自己绘制的图片进行分享。绘制过程中用户可以选择画笔颜色、取消操作、使用橡皮擦除、删除图像，如图 7-2 所示。

图 7-2 你画我猜小程序页面

小程序要实现如下功能。

（1）页面结构：按照设计要求，编写小程序页面。

（2）绘制图像：根据用户手指按下、移动、抬起的过程绘制相应的线条。

（3）选择画笔颜色：用户在绘制前可以通过选择色块来选择画笔颜色。

（4）取消、擦除、删除：用户选择“取消”可以撤销最新一步操作，选择“擦除”可以使用橡皮工具通过手指移动的方式擦除线条，选择“删除”可以将整个图像全部删除。

（5）分享功能：用户选择发起“猜猜看”，可以将图片分享给好友。

7.2.2 任务 1——页面结构

要求：按照设计要求，设计页面结构。

新建一个空项目，项目名称为“你画我猜”。

第一步：打开 index.wxml 文件，输入如下代码。

```
<view class="container">
  <!-- 题目 -->
  <view class="question">
    <text>题目: {{answer}}</text>
  </view>
  <!-- 画板 -->
  <view class="palette" style="{{'height:'+ windowWidth+'px;'}}">
    <canvas
    canvas-id = "firstCanvas"
    disable-scroll = "true"
    bindtouchstart = "touchStart"
    bindtouchmove = "touchMove"
    bindtouchend = "touchEnd">
    </canvas>
  </view>
  <!-- 操作区 -->
  <view class="option-panel">
    <view class="option-row">
```

```
            <block wx:for="{{avaliableColors}}" wx:key="*this">
              <view   class="color-btn"   style="{{'background-color:'+item}}"   bindtap="clickChangeColor"
data-color="{{item}}"></view>
            </block>
        </view>
        <view class="option-row">
            <image class="operate-btn" bindtap="clickFallback" src="/images/icon/cancel.png"></image>
            <image class="operate-btn" bindtap="clickErase" src="/images/icon/eraser.png"></image>
            <image class="operate-btn" bindtap="clickClearAll" src="/images/icon/delete.png"></image>
        </view>
        <view class="option-row">
            <button type="primary" class="share-btn" bindtap='clickShare'>发起猜猜看</button>
        </view>
    </view>
</view>
```

整个页面被分成 3 个部分：（1）题目区域，显示题目要求，用户根据要求绘制图形；（2）画板区，用户可以通过手指的操作进行图形的绘制；（3）操作区，包括画笔颜色选择，取消、擦除、删除、共享按钮。

第二步：打开 index.js 文件，输入如下代码。

```
data: {
    answer: "男孩",
    hidden: true, //是否隐藏生成海报的 canvas
    bgColor: "white",//绘画板背景色
    currentColor: 'black',//画笔颜色
    windowWidth:0,//屏幕宽度
    avaliableColors: ["black", "red", "blue", "yellow"]//画笔可选颜色
  },
```

设置数据，如题目和画笔颜色。avaliableColors 表示所有画笔颜色的数组，通过 avaliableColors 的值生成页面上的画笔颜色色块。

7.2.3 任务 2——绘制图像

要求：

（1）用户手指按下开始绘制。

（2）用户手指按下并移动，继续绘制线条。

（3）用户手指抬起后的处理。

第一步：打开 index.js 文件，输入如下代码。

```
  // 绘制开始，手指按到屏幕上
  touchStart(e) {
    this.lineBegin(e.touches[0].x, e.touches[0].y);
    curDrawArr.push({
      x: e.touches[0].x,
      y: e.touches[0].y
    });
  },
  // 开始绘制线条
```

```
lineBegin(x, y) {
  begin = true;
  this.context.beginPath();
  startX = x;
  startY = y;
  this.context.moveTo(startX, startY);
}
```

首先记录用户手指按下的坐标点，然后开始绘制线条。

第二步：继续在 index.js 文件中输入如下代码。

```
// 绘制线条中间添加点
lineAddPoint(x, y) {
  this.context.moveTo(startX, startY);
  this.context.lineTo(x, y);
  this.context.stroke();
  startX = x;
  startY = y;
},
// 绘制中，手指在屏幕上移动
touchMove(e) {
  if (begin) {
    this.lineAddPoint(e.touches[0].x, e.touches[0].y);
    this.context.draw(true);
    curDrawArr.push({
      x: e.touches[0].x,
      y: e.touches[0].y
    });
  }
},
```

这里记录手指移动过程中经过的坐标点，然后通过前后两个坐标点绘制线条。

第三步：继续在 index.js 文件中输入如下代码。

```
// 绘制结束，手指抬起
touchEnd() {
  drawInfos.push({
    drawArr: curDrawArr,
    color: this.data.currentColor
  });
  curDrawArr = [];
  // 绘制线条结束
  this.context.closePath();
  begin = false;
},
```

手指抬起后，调用 closePath()方法结束线条绘制，同时将 begin 标识设置为 false。

7.2.4 任务 3——选择画笔颜色

要求：用户选择画笔颜色。

打开 index.js 文件，输入如下代码。

```
// 单击“设置线条颜色”
clickChangeColor(e) {
  let color = e.currentTarget.dataset.color;
  this.data.currentColor = color;
  this.context.strokeStyle = color;
  this.setData({
    currentColor: color
  });
},
```

通过事件对象 e 获得颜色值，设置 currentColor，即可在绘制图形时使用对应的颜色。

7.2.5 任务 4——取消、擦除、删除

要求：

（1）选择“取消”按钮，可以撤销最新一步绘制操作。

（2）选择“擦除”按钮，可以通过手指移动，擦除绘制的线条。

（3）选择“删除”按钮，可以删除全部绘制的图形。

第一步：打开 index.js 文件，输入如下代码。

```
// 单击“撤销上一步”
clickFallback() {
  if (drawInfos.length >= 1) {
    drawInfos.pop();
  }
  // 根据保存的绘制信息重新绘制
  this.init();
  this.fillBackground(this.context);
  for (var i = 0; i < drawInfos.length; i++) {
    this.context.strokeStyle = drawInfos[i].color;
    this.context.setLineWidth(drawInfos[i].lineWidth);
    let drawArr = drawInfos[i].drawArr;
    this.lineBegin(drawArr[0].x, drawArr[0].y)
    for (var j = 1; j < drawArr.length; j++) {
      this.lineAddPoint(drawArr[j].x, drawArr[j].y);
    }
    // 绘制线条结束
    this.context.closePath();
    begin = false;
  }
  this.context.draw();
},
```

通过 pop()方法弹出最新一步操作，然后重新绘制图形，完成撤销最新一步的任务。

第二步：打开 index.js 文件，输入如下代码。

```
// 单击“切换到擦除”
clickErase() {
  this.data.currentColor = this.data.bgColor;
```

```
    this.context.strokeStyle = this.data.bgColor;
    this.setData({
      currentColor: this.data.bgColor
    });
  },
```

通过设置画笔颜色为背景色，达到擦除的效果。

第三步：打开 index.js 文件，输入如下代码。

```
  // canvas 上下文设置背景为白色
  fillBackground(context) {
    context.setFillStyle(this.data.bgColor);
    context.fillRect(0, 0, this.data.windowWidth, this.data.windowWidth);
    context.fill();
  },
  // 单击清空 canvas
  clickClearAll() {
    this.fillBackground(this.context);
    this.context.draw();
    drawInfos = [];
    this.init();
  },
```

首先调用 fillBackground()方法将 canvas 全部使用背景色进行重新绘制，然后将绘制图形的数据清空，并重新进行初始化。

7.2.6 任务 5——分享图片

要求：

（1）可将绘制的图像生成图片。

（2）可将绘制的图像分享给好友。

wx.canvasToTempFilePath()方法可以导出当前画布指定区域的内容，生成指定大小的图片。在 draw()中调用该方法才能保证图片导出成功。其属性如表 7-2 所示。

表 7-2 wx.canvasToTempFilePath()方法属性

属性	类型	默认值	是否必填	说明
x	number	0	否	指定的画布区域的左上角横坐标
y	number	0	否	指定的画布区域的左上角纵坐标
width	number	canvas 宽度-x	否	指定的画布区域的宽度
height	number	canvas 高度-y	否	指定的画布区域的高度
destWidth	number	width*屏幕像素密度	否	输出的图片的宽度
destHeight	number	height*屏幕像素密度	否	输出的图片的高度
canvasId	string		否	画布标识，传入 canvas 组件的 canvas-id

采用 wx.showShareImageMenu()方法可以打开分享图片窗口，将图片发送给朋友、收藏或

下载。具体属性如表 7-3 所示。

表 7-3　wx.showShareImageMenu()方法属性

属性	类型	是否必填	说明
path	string	是	要分享的图片地址，必须为本地路径或临时路径
success	function	否	接口调用成功的回调函数
fail	function	否	接口调用失败的回调函数
complete	function	否	接口调用结束的回调函数（无论是调用成功还是调用失败都会执行）

打开 index.js 文件，输入如下代码。

```
/*单击分享*/
clickShare() {
  wx.canvasToTempFilePath({
    x:0,
    y:0,
    height:this.data.windowWidth,
    width:this.data.windowWidth,
    destWidth: this.data.windowWidth,
    destHeight: this.data.windowWidth,
    canvasId: "firstCanvas",
    success: (res) => {
      // 分享
      wx.showShareImageMenu({
        path:res.tempFilePath
      })
    },
    fail: (res) => {
      console.log(res);
    }
  })
```

运行结果如图 7-3 所示。

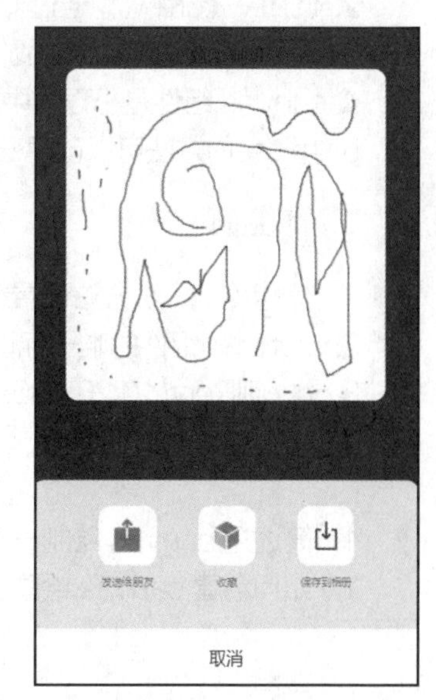

图 7-3　分享页面

7.3 小　结

本章完成了你画我猜小程序的制作，首先介绍了要完成本案例需要的知识，包括 canvas 组件、生成图片 API、分享图片 API 等，然后通过一些示例演示了每种组件和 API 的基本使用方法，最后对你画我猜小程序进行了分析与设计，把整个任务分解成了页面结构，绘制图像，选择画笔颜色，取消、擦除、删除，分享图片等子任务，并依次实现了这些子任务。通过对这些内容的学习，读者可以掌握小程序开发中绘图与分享的方法。

7.4 课后习题

一、选择题

1. 下列关于 canvas 中的对象方法说法错误的是（　　）。
   A. setFillStyle()用于填充颜色
   B. moveTo()把路径移动到画布中的指定点，不创建线条
   C. lineTo()增加一个新点，创建一条从上次指定点到目标点的线
   D. rect()用于创建一个圆形路径
2. 下列关于 canvas 组件说法错误的是（　　）。
   A. CSS 动画对 canvas 组件无效
   B. id 是 canvas 组件的唯一标识符
   C. 使用了重复的 canvas-id，该<canvas>标签对应的画布将被隐藏，不再正常工作
   D. 同一页面，canvas-id 唯一

二、判断题

1. canvas 组件不能通过 z-index 设置层级。（　　）
2. 调用 wx.draw()，通过 Id 指定在哪张画布上绘制图形，通过 actions 指定绘制行为。（　　）
3. 用.arc()方法可以绘制圆形。（　　）
4. canvas 组件是小程序中的原生组件。（　　）
5. 用 rect()方法可以创建一个矩形。（　　）

三、填空题

1. 使用（　　）方法设置线条宽度。
2. canvas 组件的唯一标识符是（　　）。
3. ctx.fillRect(10,20,150,75)，表名：坐标是（　　），宽为（　　），高为（　　）。

四、简答题

1. 简述用 canvas 绘制一条直线的步骤。
2. 如何创建 canvas 绘图上下文对象？

第8章 校园场地预约小程序

▶ 内容导学

应用程序接口（API）通俗来讲是一种接口函数，把函数封装起来给开发者，这样很多的功能就不需要开发者自己实现了，开发者只需调用即可。微信小程序利用 API 可以实现用户信息、数据存储及微信支付等功能。

本章将向读者介绍微信小程序 API 的相关知识。另外，通过校园场地预约小程序案例，引导读者逐步实现用户授权、预约场地等功能。通过对实际案例的任务分析与操作，读者能够更好地掌握微信小程序 API 的使用方法，解决实际问题。

▶ 学习目标

① 熟练掌握小程序网络 API 的使用方法。
② 掌握文件上传/下载 API 的使用方法。
③ 熟练掌握登录 API 的使用方法。
④ 熟练掌握用户信息 API 的使用方法。
⑤ 熟练掌握账号信息 API 的使用方法。
⑥ 熟练掌握授权 API 的使用方法。
⑦ 能够对校园场地预约小程序进行分析及代码实现。

8.1 网 络

8.1.1 小程序网络基础

每个微信小程序需要事先设置一个通信域名，小程序可以与指定的域名进行网络通信。微信小程序包括 4 种类型的网络请求：普通 HTTPS 请求（request）、上传文件（uploadFile）、下载文件（downloadFile)和 WebSocket 通信（connectSocket）。服务器域名可以在“小程序后台”→“开发管理”→“开发设置”→“服务器域名”中进行配置，如图 8-1 所示。

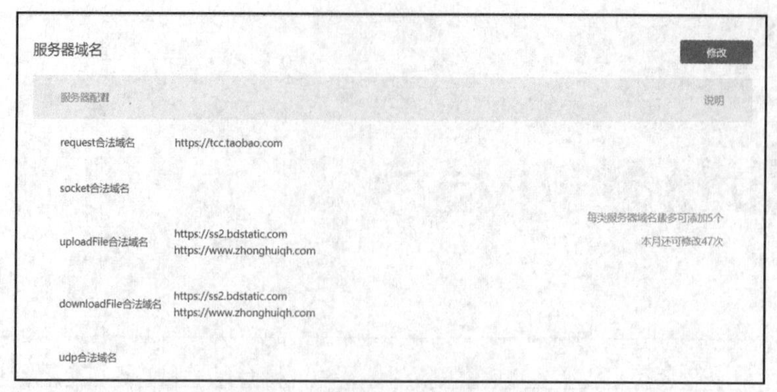

图 8-1　配置可访问服务器域名

配置时需要注意以下几点

（1）域名只支持 HTTPS（request、uploadFile、downloadFile）、connectSocket 协议。

（2）域名不能使用 IP 地址或 localhost。

（3）域名必须经过 ICP（Internet Content Provider，网络内容提供商）备案。

（4）出于安全考虑，api.weixin.qq.com 不能被配置为服务器域名，相关 API 也不能在小程序内调用。开发者应将 appsecret 保存到后台服务器中，通过服务器使用 appsecret 获取 accesstoken，并调用相关 API。

（5）对于每个 API，最多可以配置 20 个域名。

服务器域名配置完成后需在微信开发者工具中切换为正式的 appId，另外可以在“详情”→“项目配置”中查看具体信息，如图 8-2 所示。

图 8-2　查看域名信息

下面以查询手机号码归属地小程序案例为例，讲解网络 API 的使用方法。

通过 wx.request() API 发起 HTTPS 网络请求，wx.request()主要属性如表 8-1 所示。

表 8-1 wx.request()主要属性

属性	类型	默认值	是否必填	说明
url	string		是	开发者服务器接口地址
data	string/object/ArrayBuffer		否	请求的参数
timeout	number		否	超时时间，单位为毫秒
method	string	GET	否	HTTP 请求方法
dataType	string	json	否	返回的数据格式
responseType	string	text	否	响应的数据类型
success	function		否	接口调用成功的回调函数
fail	function		否	接口调用失败的回调函数
complete	function		否	接口调用结束的回调函数（无论是调用成功还是调用、失败都会执行）

第一步：创建一个空项目，打开 test.wxml 文件，写入如下代码。

```
<view class="title">
    <text>查询手机号码归属地</text>
</view>
<view class="box">
    <text>请输入手机号码：</text>
    <input class="inputtel" bindchange="change" type="number"></input>
</view>
<button class="btn" bindtap="btntap">查询</button>
```

第二步：打开 test.wxss 文件，写入如下代码。

```
.title{
  text-align: center;
  font-size: 30px;
  font-weight: bold;
  margin:20px 0;
}
.box{
  display: flex;
  justify-items: auto;
  font-size: 16px;
  margin-bottom: 10px;
}
.box>.inputtel{
  border-bottom: 1px solid black;
}
```

第三步：打开 test.js 文件，写入如下代码。

```
// pages/test/test.js
Page({
  data:{
    telphonenum:'',  //存储手机号码
    result:{}        //接受接口返回数据
  },
```

```
    change:function(e){
        this.setData({
          telphonenum:e.detail.value
        })
    },
    btntap:function(){ //单击查询按钮后访问数据接口，若访问成功，则返回查询数据
      var that=this;
      wx.request({
        url: 'https://tcc.taobao.com/cc/json/mobile_tel_segment.htm?tel='+this.data.telphonenum, //请用
户自行搜索类似服务接口或根据本教材提供的代码自行搭建服务器
        method:'GET',
        dataType:'json',
        success:function(res){
            that.setData({
              result:res.data
            });
            console.log(that.data.result)
        }
      })
    }
  })
```

保存上述代码，程序运行后效果如图 8-3 所示。单击“查询”，在控制台输出查询结果，如图 8-4 所示。

图 8-3　查询界面

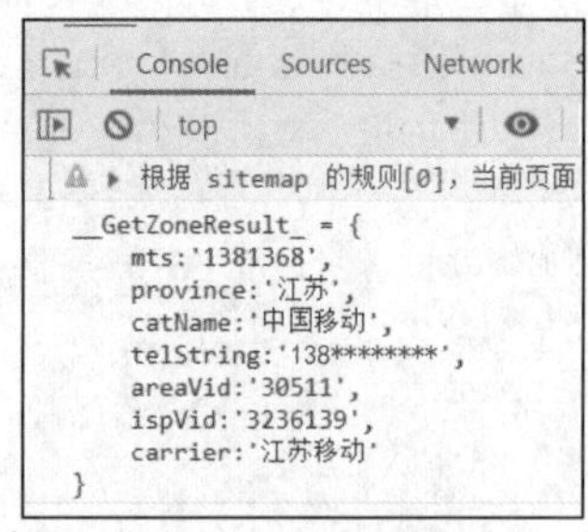

图 8-4　查询结果

8.1.2　上传与下载

本节通过编写一个工作计划小程序来学习文件上传/下载 API，效果如图 8-5 所示。

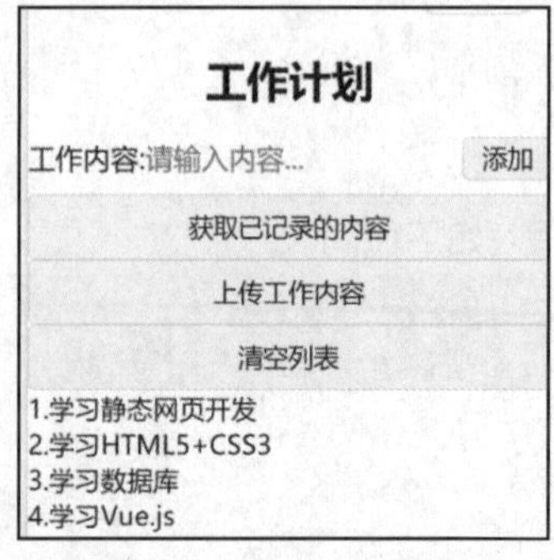

图 8-5　工作计划小程序界面

使用 wx.uploadFile() API 将本地资源上传到服务器，wx.uploadFile()主要属性如表 8-2 所示。

表 8-2 wx.uploadFile()主要属性

属性	类型	是否必填	说明
url	string	是	开发者服务器地址
filePath	string	是	要上传文件资源的路径（本地路径）
name	string	是	文件对应的 key，开发者在服务端可以通过这个 key 获取文件的二进制内容
header	Object	否	HTTP 请求 Header，Header 中不能设置 Referer
formData	Object	否	HTTP 请求中其他额外的 form data
timeout	number	否	超时时间，单位为毫秒
success	function	否	接口调用成功的回调函数
fail	function	否	接口调用失败的回调函数
complete	function	否	接口调用结束的回调函数（无论是调用成功还是调用失败都会执行）

使用 wx.downloadFile()下载文件资源到本地。客户端直接发起一个 HTTPS GET 请求，返回文件的本地临时路径 (本地路径)，单次下载允许的最大文件为 200MB。wx.downloadFilel()主要属性如表 8-3 所示。

表 8-3 wx.downloadFile()主要属性

属性	类型	是否必填	说明
url	string	是	下载资源的 url
header	Object	否	HTTP 请求的 Header，Header 中不能设置 Referer
timeout	number	否	超时时间，单位为毫秒
filePath	string	否	指定文件下载后存储的路径 （本地路径）
success	function	否	接口调用成功的回调函数
fail	function	否	接口调用失败的回调函数
complete	function	否	接口调用结束的回调函数（无论是调用成功还是调用失败都会执行）

第一步：创建一个空项目，在 index.wxml 文件中写入如下代码。

```
<!-- 网络 api -->
<view>
  <view class="title">工作计划</view>
  <view class="box">
    <view >工作内容:</view>
    <input value="{{inputValue}}" type="text" bindinput="change" placeholder="请输入内容..."/>
    <button bindtap="addInfo" >添加</button>
  </view>
  <button bindtap="getInfo">获取已记录的内容</button>
  <button bindtap="postInfo">上传工作内容</button>
  <button bindtap="clear">清空列表</button>
  <view wx:for="{{list}}" wx:key="*this">{{item}}</view>
</view>
```

第二步：打开 index.wxss 文件，写入如下代码。

```
.title{
  text-align: center;
  font-size: 30px;
  font-weight: bold;
  margin:20px 0;
}
.box{
  display: flex;
  justify-items: auto;
  font-size: 20px;
  margin-bottom: 10px;
}
.box>view,.box>input,.box>button{
  height:30px;
  line-height: 30px;
}
```

第三步：打开 index.js 文件，写入如下代码。

```
Page({
  data: {
    path: '',
    list: [],
    inputValue:''
  },
  change(e){
    this.setData({
      inputValue:e.detail.value
    })
  },
  getInfo() {//下载文件并读取内容
    wx.downloadFile({
      url: "https://www.zhonghuich.com/user.txt",//请用户自行搜索类似服务接口或根据本教材提供的代码
自行搭建服务器
      success: data=>{
        let arr = wx.getFileSystemManager().readFileSync(data.tempFilePath, "utf-8").split(",");
        this.setData({
          list: arr
        })
      }
    })
  },
  addInfo() {//添加数据并写入本地文件
    let arr=this.data.list
    let num=this.data.list.length+1
    arr.push(num+"."+this.data.inputValue)
    this.setData({
      list:arr
```

```
        })
        let str=this.data.list.toString()
        let fsm = wx.getFileSystemManager();
        fsm.writeFile({
          filePath: wx.env.USER_DATA_PATH + '/user.txt',
          data: str,
          encoding: 'utf8',
          success: res => {
            console.info(res)
            console.log(fsm.readFileSync(wx.env.USER_DATA_PATH + '/user.txt', "utf-8"))
          },
          fail: res => {
            console.info(res)
          }
        })
        this.setData({
          inputValue:''
        })
      },
      postInfo(){
        wx.uploadFile({
          url:"https://www.zhonghuiqh.com/test.php",//此接口会将上传的文件保存，并覆盖原有的 user.txt
          filePath:wx.env.USER_DATA_PATH + '/user.txt',
          name:"file",
          success:function(res){
            console.log(res)
            if(res.statusCode===200){
              wx.showToast({
                title:res.data
              })
            }
          },
          fail:function(res){
            console.log(res)
            wx.showToast({
              title:"上传失败"
            })
          }
        })
      },
      clear(){
        this.setData({
          list:[]
        })
      }
    })
```

和上个例子一样，因为需要访问服务器，所以应该将服务器域名信息配置到小程序管理后台的服务器域名中。运行小程序，结果如图 8-6 所示。

单击“获取已记录的内容”按钮，可以从服务器获得已有数据并显示在页面上。用户也可添加新的工作内容，添加完成后单击“上传工作内容”按钮，即可将更改后的工作计划上传到服务器。

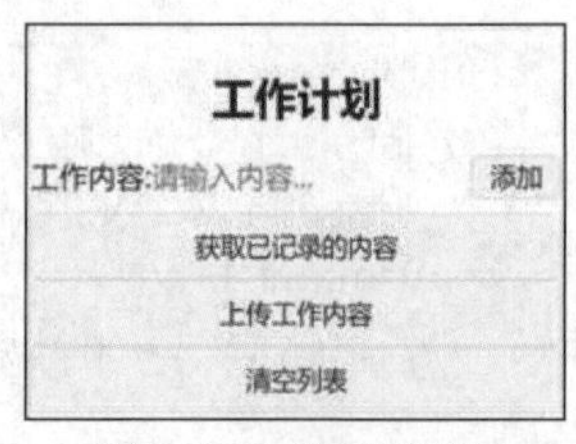

图 8-6　工作计划界面

8.2　开放接口

8.2.1　登录

微信官方提供了很多开放接口，通过使用这些接口，开发者可以更好地完成登录、获取账号信息、授权等操作。本节通过编写一个登录页面来演示调用开放接口获取登录凭证（code），进而通过凭证获取用户登录态信息，包括用户在当前小程序的唯一标识（openid）、微信开放平台账号下的唯一标识（unionid，若当前小程序已绑定到微信开放平台账号）及本次登录的会话密钥（session_key）等。完成之后的效果如图 8-7 所示。

图 8-7　登录页面

使用 wx.login() API 获取登录凭证，wx.login() 主要属性如表 8-4 所示。

表 8-4　wx.login()主要属性

属性	类型	是否必填	说明
timeout	number	否	超时时间，单位为毫秒
success	function	否	接口调用成功的回调函数
fail	function	否	接口调用失败的回调函数
complete	function	否	接口调用结束的回调函数（无论是调用成功还是失败都会执行）

其中 success()回调函数的参数为 res，res 的 code 属性说明如表 8-5 所示。

表 8-5　code 属性说明

属性	类型	说明
code	string	用户登录凭证（有效期为 5 分钟）。开发者需要在开发者服务器后台调用 auth.code2Session，使用 code 换取 openid、unionid、session_key 等信息

第一步：创建一个空项目，新建登录页面 login，在 login.wxml 文件中写入如下代码。

```
<view>
  <view class="title">欢迎登录</view>
  <view class="box">
    姓名：<input bindinput="setName" type="text"/>
  </view>
  <view class="box">
    密码：<input bindinput="setPw" type="password"/>
  </view>
  <button type="primary" bindtap="login">
    登录
```

```
  </button>
</view>
```

第二步：打开 login.wxss 文件，写入如下代码。

```
input{
  display: inline-block;
  height: 40px;
  line-height: 40px;
  border-bottom: 1px solid #ccc;
  box-sizing: border-box;
}
.title{
  text-align: center;
  font-size: 30px;
  font-weight: bold;
  margin-bottom: 20px;
}
.box{
  display: flex;
  flex-direction: row;
  justify-content: center;
  height: 40px;
  line-height: 40px;
}
button{
  margin: 10px;
}
```

第三步：打开 login.js 文件。这里使用 wx.login 接口得到对应的 code。成功获取 code 后，再向服务器端验证用户名和密码，验证成功后，跳转到首页，具体代码如下。

```
Page({
  data: {
    userName: '',
    password: '',
  },
  setName(e) {
    this.setData({
      userName: e.detail.value
    })
  },
  setPw(e) {
    this.setData({
      password: e.detail.value
    })
  },
  login() {
    wx.login({
      success:res=> {
        if (res.code) {
```

```
              //发起网络请求
              wx.request({
                url: 'https://www.zhonghuiqh.com/login.php',// 请用户自行搜索类似服务接口或根据本教材提
供的代码自行搭建服务器
                data: {
                  code: res.code,
                  userName:this.data.userName,
                  passWord:this.data.password,
                },
                success:data=>{
                  console.log(data)
                  if(data.data==""){
                    wx.showToast({
                      title:"用户名或密码错误",
                      icon:"none"
                    })
                    return;
                  }
                  wx.navigateTo({
                    url:"/pages/index/index"
                  })
                }
              })
            } else {
              console.log('登录失败！' + res.errMsg)
            }
          }
        })
      }
    })
```

通过 wx.login 接口获得的用户登录态信息有一定的时效性。用户未使用小程序时间越久，登录态信息越有可能失效。反之如果用户一直在使用小程序，则用户登录态信息一直保持有效。具体时效逻辑由微信维护，对开发者透明。开发者可通过调用 wx.checkSession()检测当前用户登录态信息是否有效。登录态信息过期后开发者可以再调用 wx.login()获取新的用户登录态。wx.checkSession()主要属性如表 8-6 所示。

表 8-6 wx.checkSession()主要属性

属性	类型	是否必填	说明
success	function	否	接口调用成功的回调函数
fail	function	否	接口调用失败的回调函数
complete	function	否	接口调用结束的回调函数（无论是调用成功还是调用失败都会执行）

一般使用的格式代码如下。

```
wx.checkSession({
  success () {
    //session_key 未过期，并且在本生命周期一直有效
```

```
    },
    fail () {
      // session_key 已经失效，需要重新执行登录流程
      wx.login() //重新登录
    }})
```

第一步：创建登录成功后的 index 页面，在 index 页面中检查登录状态，若状态有效，则显示“尊敬的用户，欢迎回来”；否则要求用户重新登录。在 index.wxml 文件中写入如下代码。

```
<view >
  <view wx:if="{{loginState}}" class="title">
    尊敬的用户，欢迎回来
  </view>
  <view wx:else class="title">
    <navigator url="/pages/login/login" hover-class="navigator-hover">请登录</navigator>
  </view>
</view>
```

第二步：打开 index.wxss 文件，写入如下代码。

```
.title{
  text-align: center;
  font-size: 30px;
  font-weight: bold;
  margin-bottom: 20px;
}
```

第三步：打开 index.js 文件，使用 wx.checkSession()判断用户登录状态，根据状态修改变量 loginState 的值，具体代码如下。

```
Page({
  onLoad(){//获取缓存中的用户信息
    wx.checkSession({
      success:res=>{
        this.setData({
          loginState:true
        })
      }
    })
  },
  data:{
    loginState:false
  },
})
```

运行小程序，输入默认用户名“admin”，默认密码“admin”，单击“登录”按钮后结果如图 8-8 所示。

图 8-8　登录成功跳转页面

8.2.2　用户信息

用户登录成功后，如果需要获取用户的基本信息，可以通过 wx.getUserInfo()来实现。wx.getUserInfo()主要属性如表 8-7 所示。

表 8-7 wx.getUserInfo()主要属性

属性	类型	是否必填	说明
withCredentials	boolean	否	是否带登录态信息。当 withCredentials 为 true 时，要求之前调用过 wx.login 且登录态信息尚未过期，此时返回的数据会包含 encryptedData、iv 等敏感信息；当 withCredentials 为 false 时，不要求有登录态，返回的数据不包含 encryptedData、iv 等敏感信息
lang	string	否	显示用户信息的语言
success	function	否	接口调用成功的回调函数
fail	function	否	接口调用失败的回调函数
complete	function	否	接口调用结束的回调函数（无论是调用成功还是失败都会执行）

第一步：修改 8.2.1 节的 index 页面代码，使之显示用户信息。在 index.wxml 文件中写入如下代码。

```
<view >
  <view wx:if="{{loginState}}" class="title">
    尊敬的用户，欢迎回来
  </view>
  <view wx:else class="title">
    <navigator url="/pages/login/login" hover-class="navigator-hover">请登录</navigator>
  </view>
  <text>用户昵称:{{nickname}}</text>
</view>
```

第二步：打开 index.js 文件。使用 wx.getUserInfo()获取用户信息，这里只获取了用户昵称，并将其写入变量 nickname 中，在前端页面显示。具体代码如下。

```
Page({
  onLoad(){//获取缓存中的用户信息
    wx.checkSession({
      success:res=>{
        this.setData({
          loginState:true
        });
        wx.getUserInfo({
          success: res=> {
            this.setData({
              nickname:res.userInfo.nickName
            })
          }
        })
      }
    })
  },
  data:{
    loginState:false,
    nickname:""
  },
})
```

第三步：运行小程序，再次输入默认用户名“admin”，默认密码“admin”，登录成功后页面如图 8-9 所示。

图 8-9　显示用户信息页面

8.2.3　账号信息

获取当前账号信息可以通过 wx.getAccountInfoSync()实现，通过该接口可以获得 appId 等信息。wx.getAccountInfoSync()主要属性如表 8-8 所示。

表 8-8　wx.getAccountInfoSync()主要属性

属性	类型	说明
miniProgram	Object	小程序账号信息
plugin	Object	插件账号信息（仅在插件中调用时包含这一项）

其中，miniProgram 的结构如表 8-9 所示。

表 8-9　miniProgram 的结构

属性	类型	说明	最低版本
appId	string	小程序 appId	
envVersion	string	小程序版本	2.10.0
version	string	线上小程序版本号	2.10.2

第一步：修改 8.2.1 节的 index 页面代码，使之显示用户信息。在 index.wxml 文件中写入如下代码。

```
<view >
  <view wx:if="{{loginState}}" class="title">
    尊敬的用户，欢迎回来
  </view>
  <view wx:else class="title">
    <navigator url="/pages/login/login" hover-class="navigator-hover">请登录</navigator>
  </view>
  <text>用户昵称:{{nickname}}</text>
  <view></view>
  <text>用户 appId：{{appId}}</text>
</view>
```

第二步：打开 index.js 文件。使用 wx.getAccountInfoSync()获取账号信息，这里只获取了 appId，并将其写入变量 appId 中，在前端页面显示，具体代码如下。

```
Page({
  onLoad(){//获取缓存中的账户信息
    wx.checkSession({
      success:res=>{
        const accountInfo = wx.getAccountInfoSync();
        this.setData({
          loginState:true,
          appId:accountInfo.miniProgram.appId
        });
        wx.getUserInfo({
```

```
              success: res=>{
                this.setData({
                  nickname:res.userInfo.nickName
                })
              }
            })
          }
        })
      },
      data:{
        loginState:false,
        nickname:"",
        appId:""
      },
    })
```

第三步：运行小程序，再次输入默认用户名“admin”，默认密码“admin”，此时登录成功后的页面如图 8-10 所示。

图 8-10　显示 appId 页面

8.2.4　授权

在进行某些操作时（例如拍照、录音等）需要提前向用户发起授权请求。调用后会立刻弹出询问用户是否同意授权小程序使用某项功能或获取用户的某些数据的窗口，但不会调用对应接口。如果用户之前已经同意授权，则不会出现窗口，直接返回。我们可以使用 wx.authorize()请求具体的操作授权。wx.authorize()主要属性如表 8-10 所示。

表 8-10　wx.authorize()主要属性

属性	类型	是否必填	说明
scope	string	是	需要获取权限的 scope，详见 scope 列表
success	function	否	接口调用成功的回调函数
fail	function	否	接口调用失败的回调函数
complete	function	否	接口调用结束的回调函数（调用成功、失败都会执行）

第一步：继续修改 8.2.1 节的代码，打开 index.js 文件。使用 wx.authorize()获取录音权限，如果用户允许，则打开录音，具体代码如下。

```
Page({
  onLoad(){//获取缓存中的账号信息
    wx.checkSession({
      success:res=>{
        const accountInfo = wx.getAccountInfoSync();
        this.setData({
          loginState:true,
          appId:accountInfo.miniProgram.appId
        });
        wx.getUserInfo({
```

```
            success: res=> {
              this.setData({
                nickname:res.userInfo.nickName
              })
            }
          });
          wx.authorize({
            scope: 'scope.record',
            success(){
              wx.startRecord()
            }
          })
        }
      })
    },
    data:{
      loginState:false,
      nickname:"",
      appId:""
    },
})
```

第二步：运行小程序，再次输入默认用户名“admin”，默认密码“admin”，登录成功后的页面如图 8-11 所示。

图 8-11　用户授权界面

8.3　案例：校园场地预约小程序

8.3.1　案例分析

校园场地预约小程序可以满足用户登录后预约场地的需求，实现了用户授权功能和获取用户信息功能，具体效果如图 8-12 所示。

（1）用户授权：进入小程序后，提醒用户是否授权查看个人信息，如果用户选择“确认授权”，则在个人中心页面可以查看个人信息；否则个人信息为空。

（2）预约场地：可以在预约界面选择合适的场地，选择预约功能，填写预约信息，授权成功后提交数据，服务端验证数据并调用微信服务端 API 给用户发送预约消息。

下面通过子任务分别实现上面的功能。

图 8-12　校园场地预约小程序首页

8.3.2　任务 1——用户授权

要求：实现用户授权功能，如图 8-13 所示。

图 8-13　用户授权页面

新建一个空项目，项目名称为“场地预约小程序”。

第一步：打开 app.js 文件，通过开放接口获取用户登录信息，判断用户是否授权获取个人信息。若用户没有授权，则跳转到“authorize”页面，代码如下。

```
//app.js
App({
  onLaunch: function() {
    // 通过 wx.login 获取 code
    wx.login({
      success:res=>{
        if(res.code){
            //调用服务端 API，通过 code 获取 openid（openid 在实际开发中可存入服务端）
            wx.request({
              url:"https://www.zhonghuiqh.com/school/login.php?code="+res.code,//请用户自行搜索类似服务接口或根据本教材提供的代码自行搭建服务器
              success:res=>{
                this.globalData.openid=res.data.openid
              }
            });
            console.log(this.globalData.openid);
        }
        else{
          console.log("登录失败");
        }
      }
    })
    // 可以先通过 wx.getSetting()查询用户是否授权了 "scope.userInfo"
    wx.getSetting({
      success:(res)=> {
        if (res.authSetting['scope.userInfo']) {
          //通过 wx.getUserInfo()获取用户信息
          wx.getUserInfo({
            success: res => {
              this.globalData.userInfo = res.userInfo
            }
```

```
            })
          } else {
            wx.redirectTo({
              url: "/pages/authorize/authorize"
            })
          }
        }
      })
    },
    globalData: {
      userInfo: null,//用户信息
      openid:null//openid
    }
  })
```

第二步：新建 authorize 页面并设置为启动页面，打开 authorize.wxml 文件，输入如下代码设置页面结构。

```
<view class="login">
  <view>
    <image mode="aspectFill" src="../../images/swiper/img1.jpg"></image>
  </view>
  <!-- 用户信息授权 -->
  <button open-type="getUserInfo" bindgetuserinfo="authorize" type="primary">用户信息授权</button>
  <navigator url="/pages/index/index" open-type="switchTab">
    <button>取消授权</button>
  </navigator>
</view>
```

第三步：打开 authorize.wxss 文件，输入如下代码，设置页面样式。

```
button{
  width: 60%;
  margin:20px auto;
}
image{
  width: 100%;
  height: 200px;
}
```

第四步：打开 authorize.js 文件，如果用户授权成功，则跳转到小程序首页，具体代码如下。

```
Page({
  authorize(e){
    // 授权成功后获取用户信息
    app.globalData.userInfo = e.detail.userInfo
    wx.switchTab({
      url:'/pages/index/index'
    })
  }
})
```

用户授权成功后在个人中心页面可以显示用户图像，如图 8-14 所示。具体的代码这里不再赘述，请读者自行实现。

图 8-14 获取用户信息页面

8.3.3 任务 2——预约场地

要求：

实现预约场地功能，场地预约页面如图 8-15 所示。

打开 reserveInfo.js 文件，通过 wx.requestSubscribeMessage() 实现消息订阅授权，将用户预约信息发送给服务器，代码如下。

图 8-15 场地预约页面

```
// 消息订阅授权
wx.requestSubscribeMessage({
  tmplIds:[''],
  success:res=>{
    // 授权成功后提交数据,服务端验证数据并调用微信服务端 API 给用户发送预约消息
    wx.request({
      url:"https://www.zhonghuiqh.com/school/form.php",// 请用户自行搜索类似服务接口或根据本教材提供的代码自行搭建服务器
      data:{
        openid:app.globalData.openid,
        name:data.name,
        date1:data.dateStart,
        date2:data.dateEnd,
        place:this.data.name
      },
      header:{
        "content-type":"application/x-www-form-urlencoded"
      },
      method:"POST",
      success:(res)=>{
        this.show("提交成功")
      },
      fail:(res)=>{
        this.show(res.errMsg)
      }
    })
  }
})
```

限于篇幅原因，其他功能的实现不再赘述，请读者自行实现。

8.4 小　结

本章完成了校园场地预约小程序的制作，首先介绍了要完成本案例需要的知识，包括小程序网络基础知识，wx.request、wx.login 等 API，以及与文件上传/下载相关的 API，然后通过一些示例演示了 API 的基本使用方法，最后对校园场地预约小程序进行了设计，对本章相关的两个子任务进行了简单的分析，并依次实现了这两个子任务。通过对这些内容的学习，读者可以掌握小程序开发中网络 API 的使用方法，在进行类似项目的开发时能够做到举一反三。

8.5 课后习题

一、选择题

1. 下列关于用户信息属性描述错误的是（　　）。
   A. avatarUrl：用户头像的 URL 地址
   B. nickName：用户昵称
   C. province：用户所在省份
   D. gender：用户的性别，0 表示男，1 表示女
2. 下列关于 wx.getUserInfo()返回值说法错误的是（　　）。
   A. errMsg：错误信息
   B. rawData：用于计算签名
   C. iv：加密算法的初始向量
   D. userInfo：用户信息对象，包含 openid 等信息
3. 关于 wx.request 属性描述正确的是（　　）。
   A. 只能发起 HTTPS 请求
   B. url 可以带端口号
   C. 返回的 complete()方法，只有在调用成功之后才会执行
   D. 在 header 中可以设置 Referer
4. 下列关于 openid 的说法错误的是（　　）。
   A. openid 是用户的唯一标识
   B. openid 不等同于微信用户 id
   C. 同一个微信用户在不同 appId 小程序中的 openid 是不同的
   D. openid 同时是小程序的唯一标识
5. 下列关于 wx.request()的参数说法错误的是（　　）。
   A. url 为开发者服务器接口地址
   B. responseType 表示返回的数据格式
   C. header 为请求头
   D. method 为请求方法

二、填空题

1. 网络请求任务对象是（　　）。
2. 小程序通过（　　）接口获取登录凭证 code。

三、简答题

如何检查用户是否已经登录小程序?

第9章 购物车小程序

09

内容导学

微信小程序开发已经成为目前最热门的技能之一，在求职、毕业设计、兴趣培养等方面都已经成为一项必备技能，而微信小程序云开发技术的出现更是点燃了整个小程序生态圈。在 2019 微信公开课 PRO 小程序分论坛上，腾讯云宣布推出总价值超过 9 亿元的“小程序 · 云开发”资源扶持计划，为超过 100 万个小程序开发者提供免费资源扶持，全面助力开发者通过云开发打造优秀的微信小程序。

本章将向读者介绍微信云开发的相关知识。另外，通过奶茶购物车小程序案例，引导读者逐步实现商品列表、购物车列表等多个页面。通过对实际案例的任务分析与操作，读者能够更好地掌握通过云开发创建小程序的流程，解决实际问题。

学习目标

① 了解什么是云开发。
② 熟练掌握云数据库的使用方法。
③ 熟练掌握云存储的使用方法。
④ 熟练掌握云函数的使用方法。
⑤ 能够对奶茶购物车小程序进行分析及代码实现。

9.1 开发模式对比

我们通过对比云开发模式与传统开发模式之间的区别来解释什么是小程序的云开发。

9.1.1 传统开发模式

微信小程序传统开发模式如图 9-1 所示。

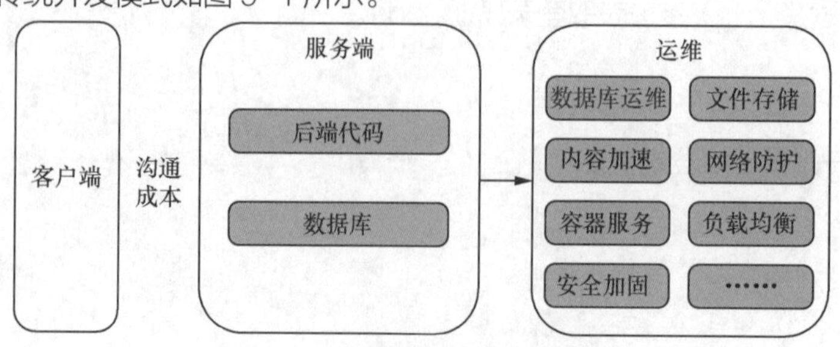

图 9-1 微信小程序传统开发模式

传统开发模式主要存在两个问题：开发效率低和维护成本高。

1. 开发效率低

大多数小程序所展示的数据都不是在页面上固定不变的，所以大多数小程序都需要一个服务端，服务端可以通过 PHP、Node.js、Java 等实现。不管使用哪种技术或语言实现服务端，开发一款小程序一般情况下至少需要配备两个程序员，一个开发小程序前端，另一个开发小程序服务端，两个程序员之间需要不断沟通，确认共同遵循的接口。沟通过程中往往权责不清晰，沟通成本很高，这些问题会导致开发效率下降。同时随着开发人员的增多，整个开发的成本也会增加。这是困扰很多创业公司的难题。

2. 维护成本高

项目上线时，公司需要自己搭建服务，不仅硬件设备、流量服务成本高，还需要支出维护人员的人力成本。运维人员需要考虑比如数据库运维、文件存储、内容加速、网络防护、容器服务、负载均衡、安全加固等一系列问题，这对于公司而言存在风险。

9.1.2 云开发模式

小程序云开发是腾讯云和微信团队联合开发的，集成于小程序控制台的原生 Serverless 云服务，为开发者提供完整的原生云端支持和微信服务支持，弱化后端和运维概念，让开发者无须搭建服务器，只需要使用开发者使用平台提供的 API 进行核心业务开发，即可实现小程序的快速上线和迭代。只需要一名开发人员就可以完成所有的小程序开发工作。云开发核心能力包括云存储、云数据库、云函数、云调用、HTTP API。微信小程序云开发模式如图 9-2 所示。

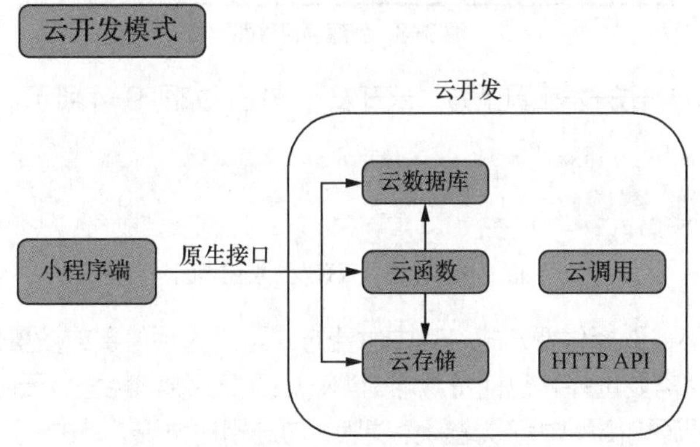

图 9-2　微信小程序云开发模式

云开发模式具有以下 4 个优势。

（1）开发效率高：开发者只需要编写核心逻辑代码、内建小程序用户鉴权，而无须关注后端配置与部署，因此可以专注于业务开发。

（2）节约成本：云服务按请求数和资源的运行收费，并且提供了一定量免费额度使用，极大节约了开发者的时间和成本。

（3）官方生态：云端原生集成微信 SDK，云相关 API 开箱即用；同时，通过云调用，可免鉴权直接调用微信开放接口。

（4）稳定可靠：底层资源由腾讯云提供专业支持，能够满足不同业务场景和需求，并且具备快速拓展能力，确保服务稳定、数据安全。

9.2 云开发基础

9.2.1 开通云开发

开通云开发步骤如下。

（1）下载微信开发者工具并安装。

（2）新建项目，后端服务选择“微信云开发”。注意：这里的 AppID 不能选择测试号，如图 9-3 所示。

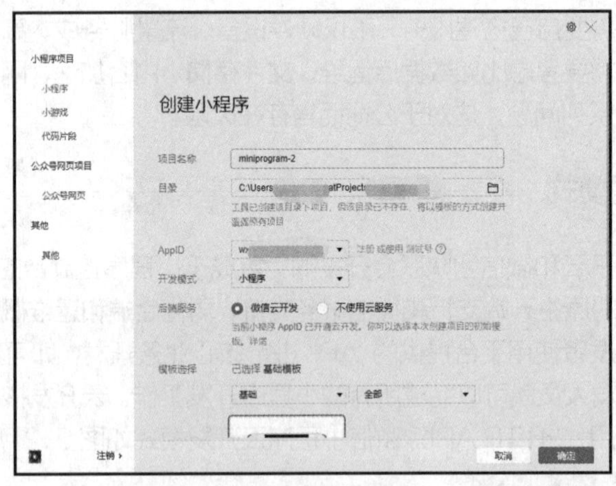

图 9-3　新建项目界面

（3）新建项目后，单击开发工具上方“云开发”按钮，如图 9-4 所示。

图 9-4　单击“云开发”按钮界面

（4）填入环境名称；选择付费方式，其中付费方式可以为预付费或按量付费；选择配额类型，配额类型可以根据项目需要选择，包括资源均衡型、CDN 资源消耗型、云函数资源消耗型和数据库资源消耗型，其中资源均衡型中可以选择免费版；勾选用户协议，单击“开通”，如图 9-5 所示。官方给出的时间是 10 分钟左右可以开通成功，实际测试时间更短。

（5）开通完成后，会自动打开云开发控制台，如图 9-6 所示。

通过云开发控制台，可以使用运营分析、数据库、存储、云函数等多种功能。用户开通云开发后即创建了一个环境，默认可拥有最多两个环境。两个环境各对应一整套独立的云开发资源，包括数据库、存储空间、云函数等。两个环境是相互独立的。在实际开发中，建议每一个正式环境都搭配一个测试环境，所有功能先在测试环境测试完毕后，再上线到正式环境。以初始创建的两个环境为例，建议一个创建为 test（测试）环境，另一个创建为 release（发布）环境。

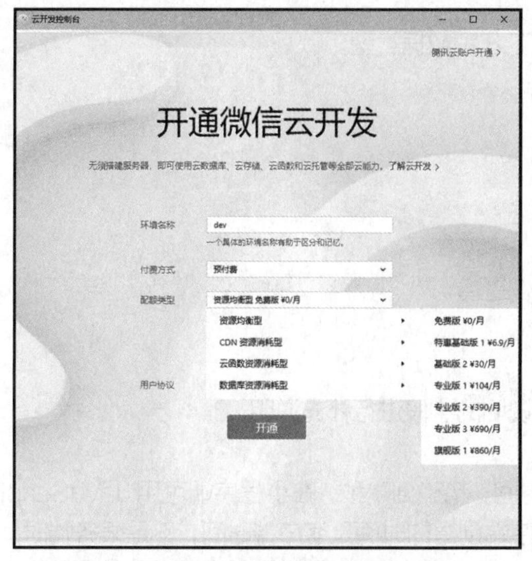

图 9-5　开通微信云开发界面

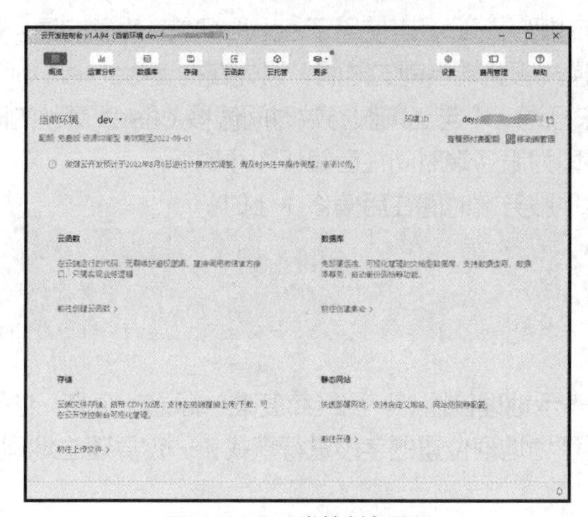

图 9-6　云开发控制台界面

9.2.2　云数据库

云开发提供了一个 JSON 数据库，顾名思义，数据库中的每条记录都是一个 JSON 格式的对象。一个数据库可以有多个集合（相当于关系型数据中的表），集合可被看作是一个 JSON 数组，数组中的每个对象就是一条记录，记录的格式是 JSON 对象。

关系数据库和 JSON 数据库概念的对应关系如表 9-1 所示。

表 9-1　关系数据库和 JSON 数据库概念的对应关系

关系数据库	JSON 数据库
数据库（database）	数据库（database）
表（table）	集合（collection）
行（row）	记录（record/doc）
列（column）	字段（field）

云开发数据库提供以下 8 种数据类型。

- String：字符串。
- Number：数字。
- Object：对象。
- Array：数组。
- Bool：布尔值。
- GeoPoint：地理位置点。
- Date：时间。
- Null。

下面对几个需要额外说明的字段进行补充说明。

（1）Date

Date 类型用于表示时间，精确到毫秒，在小程序端可用 JavaScript 内置 Date 对象创建。需要特别注意的是，在小程序端创建的时间是客户端时间，不是服务端时间，这意味着小程序端的时间与服务端的时间不一定吻合，如果需要使用服务端的时间，应该用 API 中提供的 serverDate 对象来创建一个服务端当前时间的标记，当使用了 serverDate 对象的请求抵达服务端并被处理时，serverDate 对象会被转换成服务端当前的时间，另外在构造 serverDate 对象时还可通过传入一个有 offset 字段的对象来标记一个与当前服务端时间偏移 offset 毫秒的时间，这样就可以实现如下效果：例如指定一个字段为服务端时间往后偏移 1 小时。

通过如下代码即可实现服务端时间往后偏移 1 小时。

```
db.serverDate ({
    offset: 60*60*1000
})
```

（2）GeoPoint

GeoPoint 类型用于表示地理位置点，用经纬度唯一标记一个点，这是一个特殊的数据存储类型。注意，如果需要对类型为地理位置的字段进行查找，一定要建立地理位置索引。

（3）Null

Null 相当于一个占位符，表示一个字段存在但是值为空。

数据库的权限分为小程序端和管理端，管理端包括云函数端和云开发控制台。小程序端运行在小程序中，读写数据库受权限控制限制，小程序端操作数据库应有严格的安全规则限制；管理端运行在云函数上，拥有所有读写数据库的权限，云开发控制台的权限同管理端，拥有所有权限。

数据库的权限配置体现在集合上，每个集合都可以拥有一种权限配置，权限配置的规则最终作用在该集合的每条记录上。出于易用性和安全性的考虑，云开发对云数据库进行了小程序深度整合，在小程序中创建的每个数据库记录都会带有该记录创建者（小程序用户）的信息，在每个相应用户创建的记录中以_openid 字段保存用户的 openid。因此，权限控制也围绕着一个用户是否应该拥有操作其他用户创建的数据权限展开。

以下按照权限级别从高到低排列。

① 仅创建者可写，所有人可读：该数据只有创建者可写、所有人可读，比如文章。

② 仅创建者可读写：该数据只有创建者可读写，其他用户不可读写，比如私密相册。

③ 仅管理端可写，所有人可读：该数据只有管理端可写，所有人可读，比如商品信息。

④ 仅管理端可读写：该数据只有管理端可读写，比如后台的不可暴露的数据。

简而言之，管理端始终拥有读写所有数据的权限，小程序端始终不能写他人创建的数据，小程序端记录的读写权限其实分为"所有人可读，只有创建者可写""仅创建者可读写""所有人可读，仅管理端可写""所有人不可读，仅管理端可读写"这 4 种权限。

对一个用户来说，不同模式在小程序端和管理端的权限表现如表 9-2 所示。

表 9-2　小程序端和管理端的权限

模式	小程序端读自己创建的数据	小程序端写自己创建的数据	小程序端读他人创建的数据	小程序端写他人创建的数据	管理端读写任意数据
仅创建者可写，所有人可读	√	√	√	×	√
仅创建者可读写	√	√	×	×	√
仅管理端可写，所有人可读	√	×	√	×	√
仅管理端可读写	×	×	×	×	√

在设置集合权限时应谨慎，防止出现越权操作。

通过云开发控制台可以对云数据库进行一些操作。

（1）创建集合

单击"+"号按钮，在弹出的对话框中填写集合名称，单击"确定"按钮，如图 9-7 所示。这样就创建了一个没有记录的空集合，如图 9-8 所示。

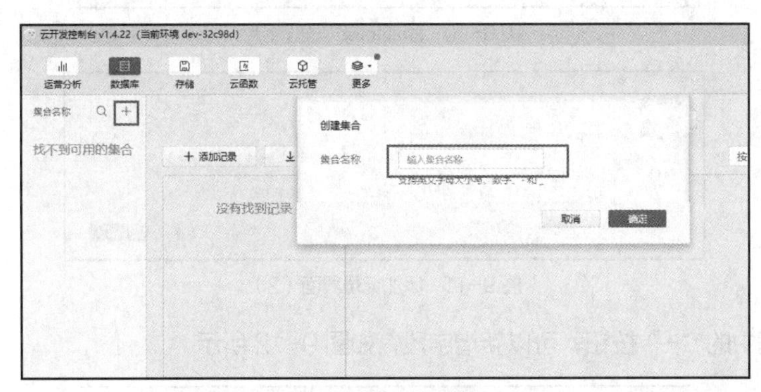

图 9-7　创建集合界面

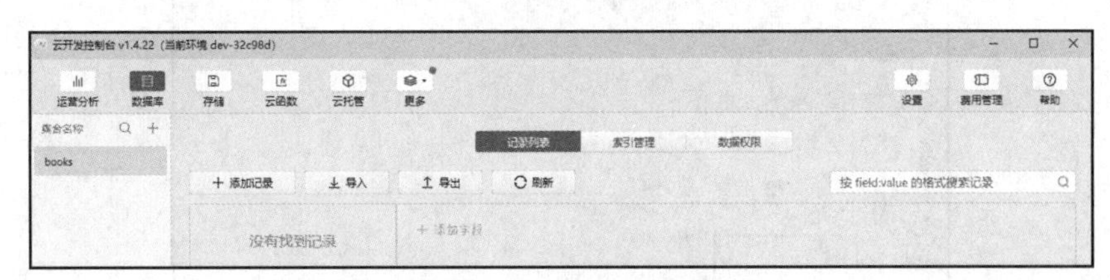

图 9-8　创建集合成功界面

（2）删除集合

在已有集合上单击鼠标右键，在弹出的菜单中选择"删除集合"菜单项，即可将其删除，如图 9-9 所示。

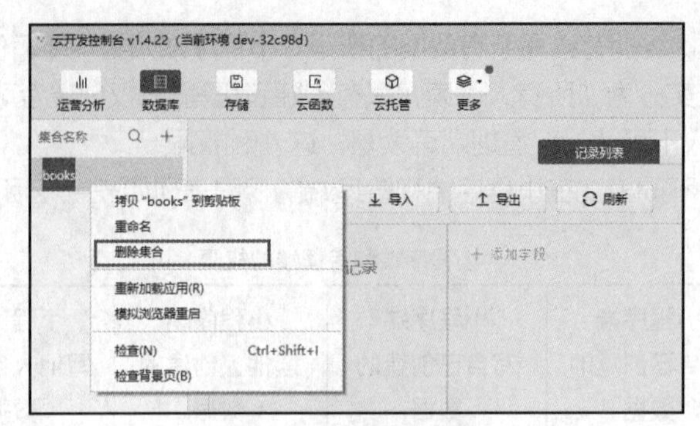

图 9-9　删除集合界面

（3）新增记录

新增记录的方式有两种，第一种方式是单击“添加记录”按钮（如图 9-10 所示），将会弹出“添加记录”对话框。对话框中默认已有一个文档 ID，这个字段可以使用系统自动生成的 ID，也可以单击右边的“编辑”、按钮手动更改，如图 9-11 所示。

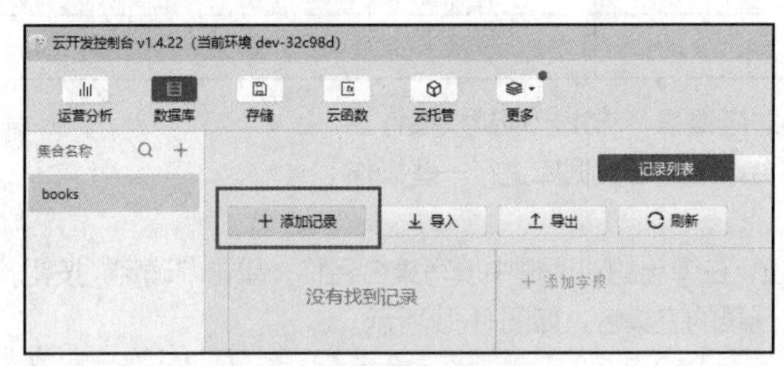

图 9-10　添加记录界面（1）

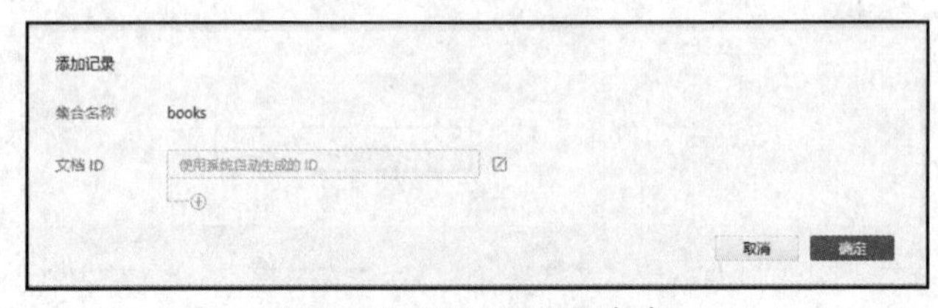

图 9-11　添加记录界面（2）

单击对话框中的“+”按钮，可以新增字段，如图 9-12 所示。

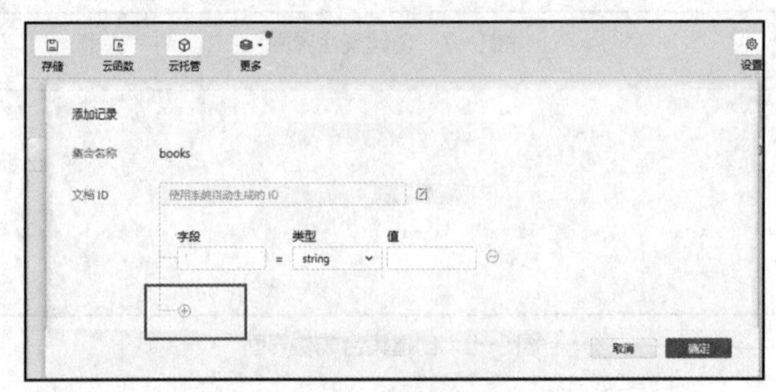

图 9-12　新增字段界面

填写好相关字段（如图 9-13 所示），单击“确定”按钮，此时界面上会出现相关的记录，如图 9-14 所示。

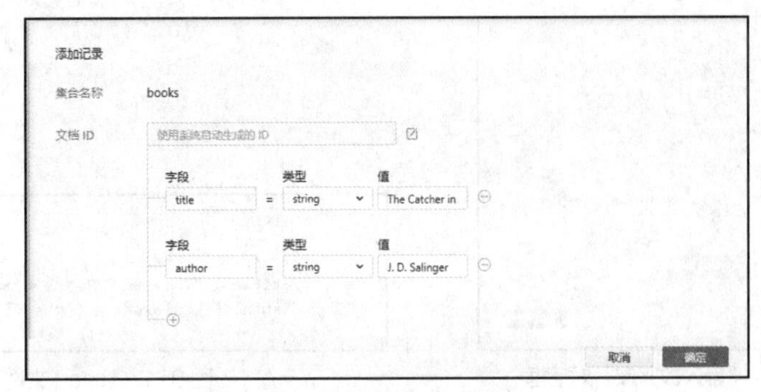

图 9-13　填写字段界面

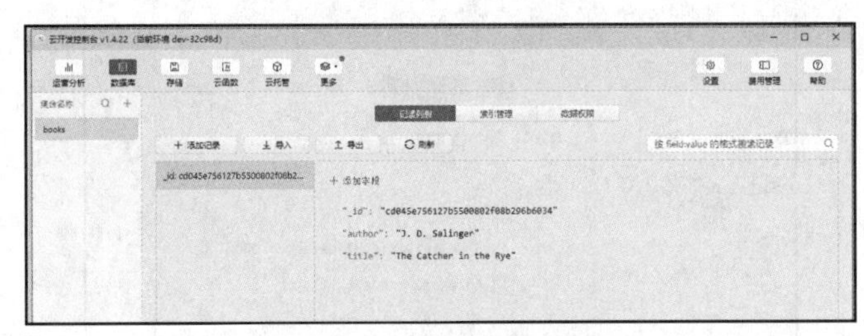

图 9-14　新增记录成功界面

新增记录的第二种方式是使用云开发控制台的导入功能。

单击“导入”按钮（如图 9-15 所示），将会弹出“导入数据库”对话框，如图 9-16 所示。这里可以上传.csv 文件和.json 文件。冲突处理模式有两种：Insert 模式和 Upsert 模式。Insert 模式总是插入新记录；Upsert 模式表示如果记录存在，则更新，否则插入新记录。

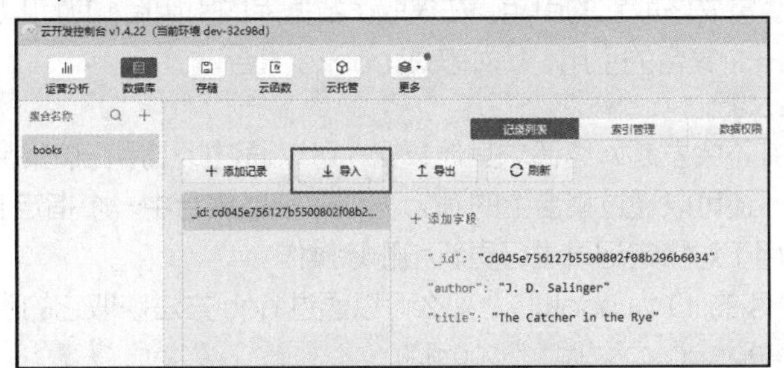

图 9-15　单击“导入”按钮界面

例如，导入图 9-17 所示的.json 文件，导入成功后，控制台右上角会出现导入成功的提示，同时该记录也会出现在面板中，如图 9-18 所示。

云数据库还提供了一系列 API 供开发者使用，以便实现数据的增、删、改、查。

（1）初始化

在开始使用数据库 API 进行增、删、改、查操作之前，需要先获取数据库的引用。以下调用可以获取默认环境的数据库的引用。

```
const db = wx.cloud.database()
```

如需获取其他环境的数据库的引用，可以在调用时传入一个对象参数，在其中通过 env 字段指定要使用的环境。此时会返回一个对测试环境数据库的引用。假设有一个名为 test 的环境，用作测试环境，那么用如下代码可以获取测试环境数据库。

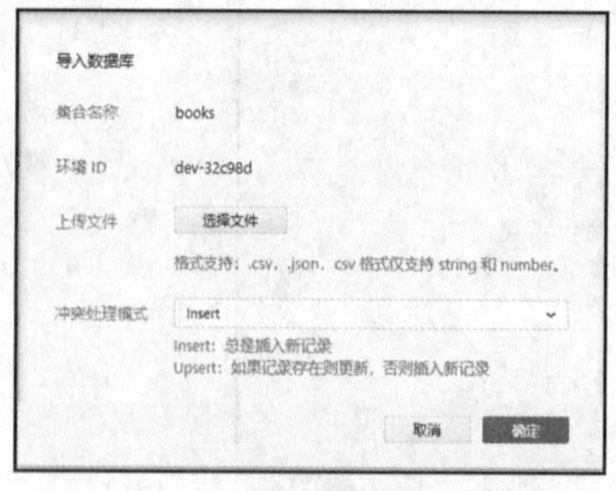

图 9-16 “导入数据库”对话框

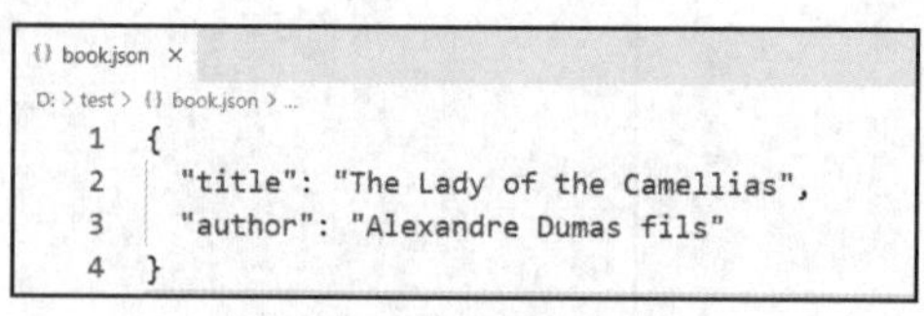

图 9-17 .json 文件

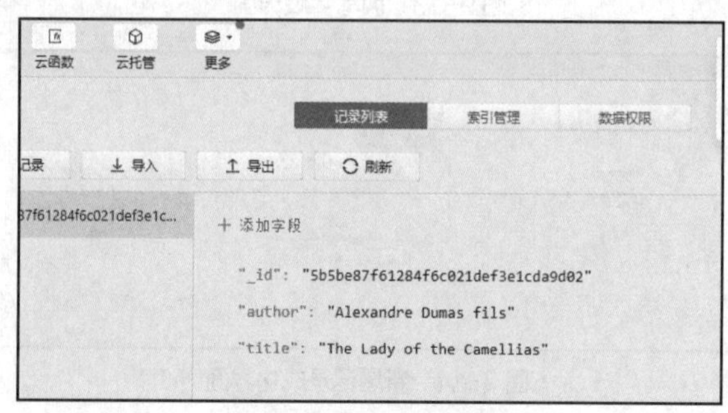

图 9-18 导入成功界面

```
const testDB = wx.cloud.database({
  env: 'test'
})
```

要操作一个集合，需先获取它的引用。在获取了数据库的引用后，就可以通过数据库引用上的 collection()方法获取一个集合的引用，比如获取 books 集合。

```
const books = db.collection('books')
```

获取集合的引用并不会发起网络请求其他数据，可以通过此引用在该集合上进行增、删、查、改的操作，除此之外，还可以通过集合上的 doc 方法来获取集合中一个指定 ID 的记录的引用。同理，记录的引用可以用于对特定记录进行更新和删除操作。

假设有一个 books 的 ID 为 bookID，那么可以通过 doc 方法获取它的引用。

```
const book = db.collection('books').doc(' bookID')
```

（2）插入数据

可以通过在集合对象上调用 add()方法向集合中插入一条记录，具体代码如下。

```
db.collection('books').add({
  // data 字段表示要新增的 JSON 数据
  data: {
    // _id: 'book-identifiant', // 可选自定义 _id，在此处用数据库自动分配的 id 就可以
    title: "微信小程序",
author: "微信小程序课程组"
  },
  success: function(res) {
    // res 是一个对象，该对象中有 _id 字段标记刚创建的记录的 id
    console.log(res)
  }
})
```

（3）查询数据

在记录和集合上都提供了 get()方法用于获取单个记录或集合中多个记录的数据。

先来看看如何获取单个记录的数据，具体代码如下。

```
db.collection('books').doc('bookID').get({
  success: function(res) {
    // res.data 包含该记录的数据
    console.log(res.data)
  }
})
```

也可以一次性获取多个记录，通过调用集合上的 where()方法可以指定查询条件，再调用 get()方法即可只返回满足指定查询条件的记录。具体代码如下。

```
db.collection('books').where({
  _openid: 'user-open-id'
})
.get({
  success: function(res) {
    // res.data 是包含以上定义的两条记录的数组
    console.log(res.data)
  }
})
```

（4）删除数据

使用 remove()方法可以删除记录，具体代码如下。

```
db.collection('books').doc('bookID').remove({
  success: function(res) {
    console.log(res.data)
  }
})
```

（5）更新数据

更新数据主要有两种方法，如表 9-3 所示。

表 9-3　更新数据的方法

API	说明
update	局部更新一个或多个记录
set	替换更新一个记录

使用 update()方法可以局部更新一个记录或一个集合中的记录，局部更新意味着只有指定的字段会得到更新，其他字段不受影响，具体代码如下。

```
db.collection('books').doc('bookID').update({
  // data 传入需要局部更新的数据
  data: {
    // 表示将 author 字段置为'Jack'
    author: 'Jack'
  },
  success: function(res) {
```

```
    console.log(res.data)
  }
})
```

如果需要替换更新一条记录，可以在记录上使用 set()方法，替换更新意味着用传入的对象替换指定的记录，具体代码如下。

```
db.collection('books').doc('bookID').set({
  // 使用 data 属性传入需要局部更新的数据
  data: {
title: 'web applications',
    author: 'Jack'
  },
  success: function(res) {
    console.log(res.data)
  }
})
```

9.2.3 云存储

云存储提供高可用、高稳定、强安全的云端存储服务，支持任意数量和形式的非结构化数据存储，如视频和图片，并在云开发控制台进行可视化管理。云存储包含如下功能。

- 存储管理：支持文件夹，方便文件归类；支持文件的上传、删除、移动、下载、搜索等，并且可以查看文件的详情信息。
- 权限设置：灵活设置哪些用户可以读写该文件夹中的文件，以保证业务数据的安全。
- 上传管理：在这里可以查看文件上传历史、进度及状态。
- 文件搜索：支持文件前缀名称及子目录文件的搜索。
- 组件支持：支持在 image、audio 等组件中传入云文件 ID。

下面通过云开发控制台进行简单的可视化管理。

单击“上传文件”或“上传文件夹”按钮，可以将相应的文件或文件夹上传到云存储中，如图 9-19 所示。

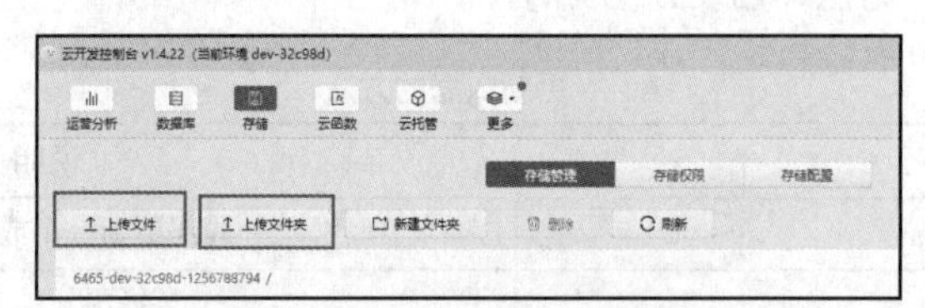

图 9-19　上传文件或文件夹界面

上传成功后，在云开发控制台右上角会出现提示，如图 9-20 所示。

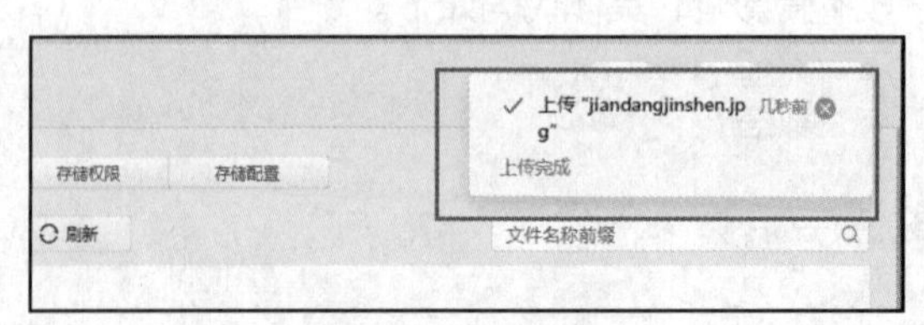

图 9-20　上传成功界面

此时，可以对云存储中的文件进行删除或下载操作，如图 9-21 所示。

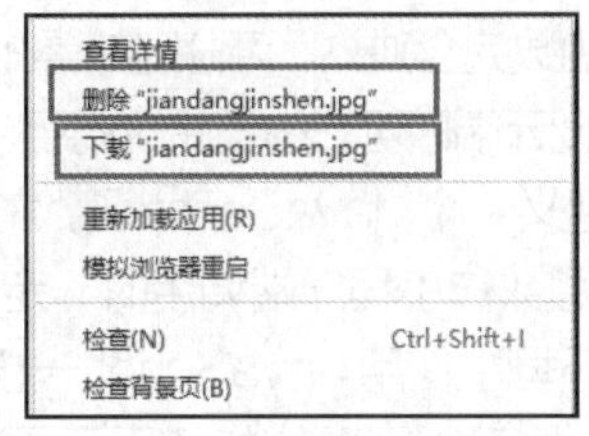

图9-21 删除或下载操作界面

同样，云存储也提供了一系列API供开发者使用，常用的API有以下3个。

（1）上传文件API

在小程序端可调用wx.cloud.uploadFile()方法上传文件，具体代码如下。

```
wx.cloud.uploadFile({
  cloudPath: 'example.png', // 上传至云端的路径
  filePath: '', // 小程序临时文件路径
  success: res => {
    // 返回文件 ID
    console.log(res.fileID)
  },
  fail: console.error
})
```

上传成功后会获得文件唯一标识符，即文件ID，后续操作都基于文件ID而不是URL。

（2）下载文件API

用户可以根据文件ID下载文件，仅可下载其有访问权限的文件，具体代码如下。

```
wx.cloud.downloadFile({
  fileID: '', // 文件 ID
  success: res => {
    // 返回临时文件路径
    console.log(res.tempFilePath)
  },
  fail: console.error
})
```

（3）删除文件API

通过wx.cloud.deleteFile()方法可以删除文件,具体代码如下。

```
wx.cloud.deleteFile({
  fileList: ['a7xzcb'],
  success: res => {
    // 处理成功
    console.log(res.fileList)
  },
  fail: console.error
})
```

9.2.4 云函数

云函数即在云端（服务器端）运行的函数。在物理设计上，一个云函数可由多个文件组成，占用一

定量的 CPU 内存等计算资源；各云函数完全独立，可分别部署在不同的地区。开发者无须购买、搭建服务器，只需要编写函数代码并部署到云端即可在小程序端调用，同时云函数之间也可互相调用。

写一个云函数的方法与在本地定义一个 JavaScript 函数的方法相同，区别只是定义函数的代码运行在云端 Node.js 中——当云函数被小程序端调用时，定义的代码会被放在 Node.js 运行环境中执行。我们可以像在 Node.js 环境中使用 JavaScript 一样在云函数中进行网络请求等操作，还可以通过云函数后端 SDK 搭配使用多种服务，比如使用云函数 SDK 中提供的数据库和存储 API 进行数据库和存储操作，这部分可参考数据库和存储后端 API 文档。

云函数的独特优势在于与微信登录鉴权的无缝整合。当在小程序端调用云函数时，云函数的传入参数中会被注入小程序端用户 openid，开发者无须校验 openid 的正确性即可以直接使用该 openid，因为微信已经完成了这部分鉴权。

下面以定义一个将两个数字相加的函数，以此作为第一个云函数的示例。

在项目根目录找到 project.config.json 文件，新增 cloudfunctionRoot 字段，指定本地已存在的目录作为云函数的本地根目录，如图 9-22 所示。

指定目录之后，云函数的根目录的图标会变成“云目录图标”，云函数根目录下的第一级目录（云函数目录）与云函数的名称相同。

在云函数根目录上单击鼠标右键，在菜单中可以选择“新建 Node.js 云函数”命令，如图 9-23 所示，将该云函数命名为 add。

```
{
  "miniprogramRoot": "miniprogram/",
  "cloudfunctionRoot": "cloudfunctions/",
  "setting": {
    "urlCheck": true,
    "es6": true,
    "enhance": true,
    "postcss": true,
    "preloadBackgroundData": false,
    "minified": true,
    "newFeature": true,
    "coverView": true,
    "nodeModules": false,
    "autoAudits": false,
    "showShadowRootInWxmlPanel": true,
    "scopeDataCheck": false,
    "uglifyFileName": false,
```

图 9-22　新增 cloudfunctionRoot 字段界面

图 9-23　新建 Node.js 云函数界面

开发者工具在本地创建出云函数目录和入口 index.js 文件，如图 9-24 所示，同时在线上环境中创建对应的云函数。

```
// 云函数入口文件
const cloud = require('wx-server-sdk')

cloud.init()

// 云函数入口函数
exports.main = async (event, context) => {
  const wxContext = cloud.getWXContext()

  return {
    event,
    openid: wxContext.OPENID,
    appid: wxContext.APPID,
    unionid: wxContext.UNIONID,
  }
}
```

图 9-24　创建完成界面

创建成功后，可以看到一个云函数模板，具体代码如下。

```
// 云函数入口文件
const cloud = require('wx-server-sdk')
cloud.init()
// 云函数入口函数
exports.main = async (event, context) => {
  const wxContext = cloud.getWXContext()
  return {
    event,
    openid: wxContext.OPENID,
    appid: wxContext. AppID,
    unionid: wxContext.UNIONID,
  }
}
```

云函数有两个传入参数，一个是 event 对象，另一个是 context 对象。event 指的是触发云函数的事件，当小程序端调用云函数时，event 就是小程序端调用云函数时传入的参数，外加后端自动注入的小程序用户的 openid 和小程序的 AppID。context 对象包含了此处调用的调用信息和运行状态，可以用它来了解服务运行的情况。在模板中也默认使用 require 函数引入了 wx-server-sdk 函数库，这是一个微信提供的帮助我们在云函数中操作数据库、存储及调用其他云函数的库。

对前面的文件进行更改，具体代码如下。

```
// 云函数入口文件
const cloud = require('wx-server-sdk')
cloud.init()
// 云函数入口函数
exports.main = async (event, context) => {
  return {
    sum: event.a + event.b
  }
}
```

本段代码的意思是将传入的 a 和 b 相加并作为 sum 字段返回给调用端。

在小程序中调用 add()这个云函数前，还需要将该云函数部署到云端。在云函数目录上单击鼠标右键，在菜单中可以将云函数整体打包上传并部署到线上环境中，如图 9-25 所示。

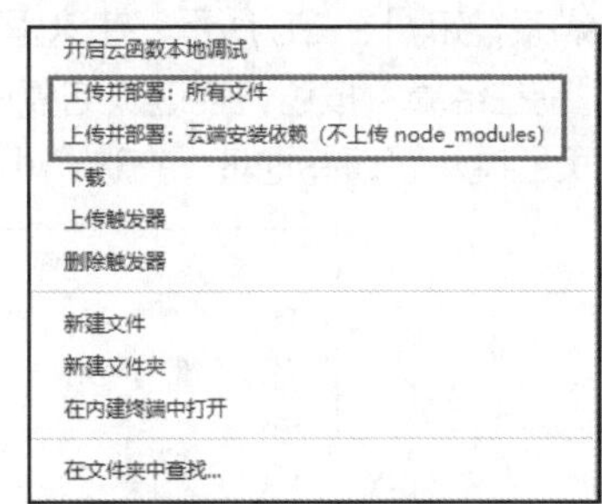

图 9-25　上传云函数界面

部署完成后，我们可以在小程序中使用 wx.cloud.call Function()调用该云函数，具体代码如下。

```
Page({
  onShow: function (options) {
    wx.cloud.callFunction({
      // 云函数名称
      name: 'add',
      // 传给云函数的参数
      data: {
        a: 1,
        b: 2,
```

```
            },
            success: function(res) {
              console.log(res.result) // 3
            },
            fail: console.error
          })
        }
})
```

这样在云开发控制台可以看到输出，如图 9-26 所示。

图 9-26　云开发控制台输出界面

9.3　案例：奶茶购物车小程序

9.3.1　案例分析

本案例的购物车小程序模拟了市面上常见的奶茶购物车小程序。商品展示页展示了不同类别的奶茶，如图 9-27 所示，这些奶茶可以被添加到购物车中；点击购物车，可以看到之前选择的所有奶茶，如图 9-28 所示，在这里可以对奶茶的数量进行修改，并且可以删除不想购买的奶茶；点击“前往结算”按钮，会进入结算页面，如图 9-29 所示，这个页面需要选择送货的地址，地址管理页面展示了所有地址，在这个页面中可以对地址进行新增、删除等操作，如图 9-30 所示。

图 9-27　商品展示页

图 9-28　购物车页面

图 9-29　结算页面

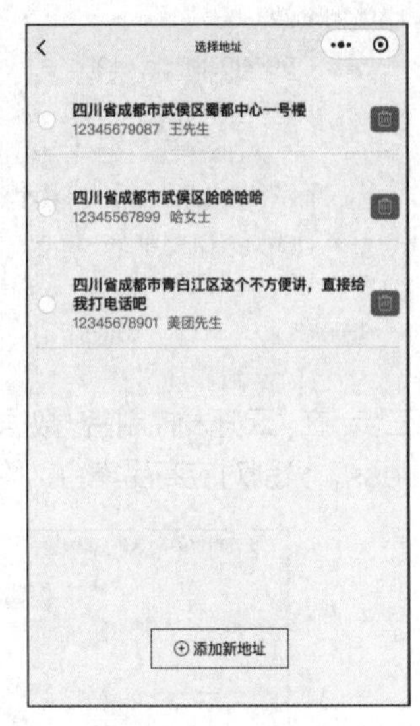

图 9-30　地址管理页面

9.3.2　任务 1——创建项目并配置

要求：创建微信云开发项目并进行配置。

第一步：单击“项目”菜单，新建项目，选择“微信云开发”，创建项目，如图 9-31 所示。

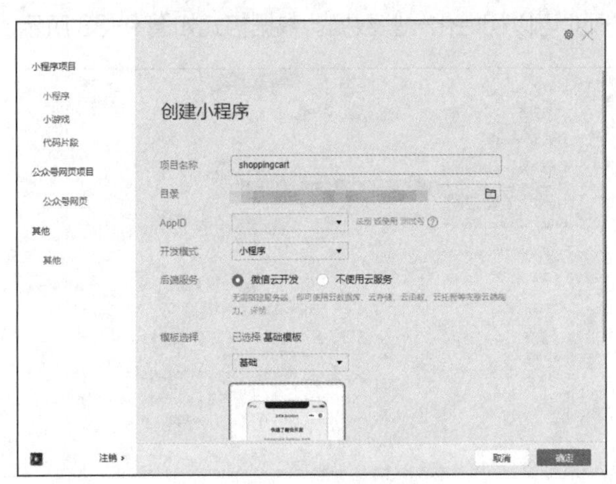

图 9-31　新建项目

第二步：删除多余代码，配置 miniprogram 目录下的 app.json，具体代码如下。

```
{
    "pages": [
        "pages/listMenu/listMenu",
        "pages/shoppingCart/shoppingCart",
        "pages/address/address",
        "pages/newAddress/newAddress",
        "pages/settlement/settlement"
    ],
```

```
    "window": {
        "backgroundColor": "#F6F6F6",
        "backgroundTextStyle": "light",
        "navigationBarBackgroundColor": "#F6F6F6",
        "navigationBarTitleText": "欢迎光临港式茶餐厅",
        "navigationBarTextStyle": "black"
    },
    "sitemapLocation": "sitemap.json"
}
```

第三步：在“云开发控制台-数据库”中创建 4 个集合：commodity-list、shopping-car、bill-list 和 address，分别对应商品集合、购物车集合、账单集合和配送地址集合，如图 9-32 所示。

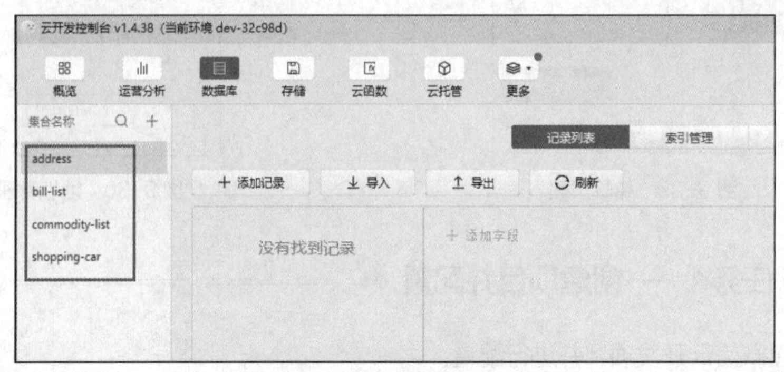

图 9-32　云开发控制台-数据库

其中 commodity-list 可以初始化一些数据。数据格式如图 9-33 所示。

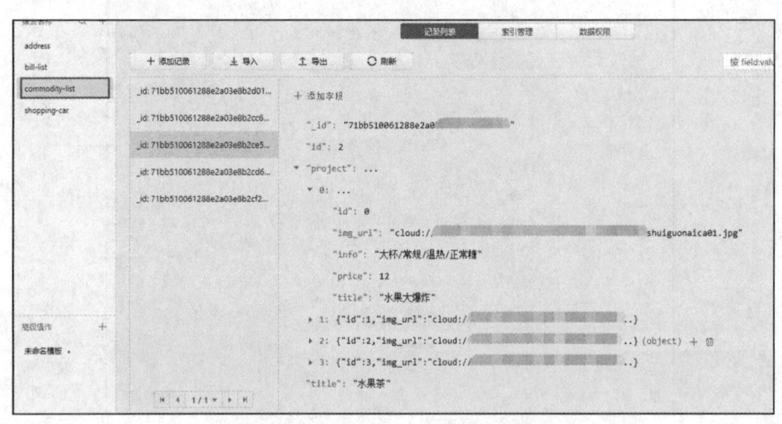

图 9-33　commodity-list 数据格式

9.3.3　任务 2——商品展示页的实现

要求：

（1）左右两侧布局，右侧商品列表能够上下滑动。

（2）单击左侧分类，右侧要显示出相对应的商品。

设计思路：

（1）右侧使用 swiper 组件实现商品列表上下滑动。

（2）通过云函数 API(db.collection('todos').get())可以获取 commodity-list 集合中的所有数据，使用 wx:for 循环渲染出商品列表。

第一步：创建 pages/listMenu/listMenu.wxml，根据要求编写页面结构，在 swiper-item 组件中配合 scroll-view 组件实现内容溢出上下滑动，具体代码如下。

```
<view class="content">
  <view class="left">
    <block wx:for="{{project_list}}" wx:key="normal">
      <view class="{{flag == item.id?'select':'normal'}}" id="{{item.id}}" bindtap="switchNav">{{item.title}}
</view>
    </block>
  </view>
  <view class="right">
    <view class="category">
      <swiper
        current="{{currentTab}}"
        vertical="true"
        style="height: {{height}}px"
        bindchange="changeIndex"
      >
        <block wx:for="{{project_list}}" wx:key="normal">
          <swiper-item>
            <view class="item-title">{{item.title}}</view>
            <scroll-view style="height: 100%;" scroll-y>
              //省略
            </scroll-view>
          </swiper-item>
        </block>
      </swiper>
    </view>
  </view>
</view>
```

第二步：获取数据，在 pages/listMenu/listMenu.js 使用云函数 API(db.collection('todos').get())获取 commodity-list 集合中的所有数据，并异步保存至 data 值内，具体代码如下。

```
/* 生命周期函数--监听页面加载 */
  onLoad: function (options) {
    var that = this;
    that.setData({
      height: wx.getSystemInfoSync().windowHeight,
      width: wx.getSystemInfoSync().windowWidth,
      car_list_number: this.data.car_list.length
    })
    // 获取云端 commodity-list 集合中的所有数据
    db.collection('commodity-list').get({
      success: function(res) {
        console.log(res);
        that.setData({
          project_list: res.data
```

```
        })
      }
    })
  }
```

第三步：在 pages/listMenu/listMenu.wxml 使用 wx:for 循环渲染商品列表，具体代码如下。

```
<scroll-view style="height: 100%;" scroll-y>
  <view class="item" wx:for="{{item.project}}" wx:for-item="itemProject" wx:key="normal">
    <view class="icon">
      <image src="{{itemProject.img_url}}"></image>
    </view>
    <view class="info">
      <view class="name">{{itemProject.title}}</view>
      <view class="priceInfo">
        <view class="infoText">{{itemProject.info}}</view>
        <view class="price">
          ¥<text>{{itemProject.price}}</text>
        </view>
        <view
          class="count"
          data-firstIndex="{{item.id}}"
          data-lastIndex="{{itemProject.id}}"
          bindtap="getNumberIndex"
        >+</view>
      </view>
    </view>
  </view>
</scroll-view>
```

第四步：每个商品项的“+”按钮绑定函数 getNumberIndex()，当点击“+”按钮时可以获取当前商品对应的类别 id 和商品 id，构成数组追加至 car_list 中，获取 car_list 的长度并赋予 car_list_number，实现页面购物车数量更新，具体代码如下。

```
getNumberIndex: function (e){
  var that = this;
  var f_index = parseInt(e.target.dataset.firstindex),
      l_index = parseInt(e.target.dataset.lastindex);
  // console.log(that.data.project_list[f_index].project[l_index]);
  var newCarList = [f_index,l_index];
  var old_list = that.data.car_list;
  var new_list = old_list.push(newCarList);
  that.setData({
    car_list_number: new_list
  });
}
```

第五步：前往购物车列表页定义 goCar()函数，循环 car_list 数组，每循环一次通过云函数 API 获取数据库 commodity-list 内的指定 id 的值，将获取到的值赋予新的空数组。循环完毕后，将新的数组利用云函数 API(db.collection('shopping-car').add())插入至 shopping-car 集合中，通过 wx.navigateTo 跳转至购物车列表页，具体代码如下。

```
goCar () {
    var carListIndex = this.data.car_list;
    var sumData = this.data.project_list;
    for(let i=0;i<carListIndex.length;i++){
      // console.log(carListIndex[i]);// 第一个循环代表所在行，第二个循环代表列
      for(let d=0;d<sumData.length;d++){
        if(sumData[d].id == carListIndex[i][0]){
          for(let r=0;r<sumData[d].project.length;r++){
            if(sumData[d].project[r].id == carListIndex[i][1]){
              db.collection('shopping-car').add({
                data: {
                  id: sumData[d].project[r].id,
                  img_url: sumData[d].project[r].img_url,
                  info: sumData[d].project[r].info,
                  price: sumData[d].project[r].price,
                  title: sumData[d].project[r].title,
                  number: 1
                }
              })
              break
            }
          }
        }
      }
    }
    wx.navigateTo({
      url: '../../pages/shoppingCart/shoppingCart',
    })
  },
```

9.3.4 任务 3——购物车页面的实现

要求：

（1）在本页面获取之前选择的商品。

（2）通过“+”“-”按钮实现商品数量的增减。

设计思路：

（1）通过云函数 db.collection('todos').get()获取 shopping-car 集合中的所有数据，使用 wx:for 循环渲染出已选择的商品列表。

（2）通过云函数 db.collection('todos').doc('_id').update(data:…)修改数据库中 shopping-car 集合对应的 id 值。

第一步：创建 pages/shoppingCart/shoppingCart，进行页面布局，具体代码如下。

```
<!-- 标题 -->
<view class="shoppingCarTitle">
    <view>饮品与小食订单</view>
    <view>堂食</view>
</view>
```

```
<!-- 购物车列表 -->
<checkbox-group bindchange="checkboxChange">
    <view class="item" wx:for="{{orders}}" wx:key="normal">
        <!-- 勾选按钮 -->
        <view class="item_check_box" style="width: {{width * 0.1}}px;">
            <checkbox checked="true" class="settlement_check_btn" value="{{item._id}}"/>
        </view>
        <!-- 商品信息 -->
        <view class="item_info_box" style="width: {{width * 0.6}}px">
            <image class="item_info_img" src="{{item.img_url}}"></image>
            <view class="item_info">
                <view class="item_info_title">{{item.title}}</view>
                <view class="item_info_info">{{item.info}}</view>
                <view class="item_info_price">¥ {{item.price}}元</view>
            </view>
        </view>
        <view class="item_info_number" style="width: {{width * 0.2}}px;">
            <button
                class="item_info_number_reduce"
                data-index="{{item._id}}"
                bindtap="reduceNumber"
            >-</button>
            <text class="item_info_numer_text">{{item.number}}</text>
            <button
                class="item_info_number_add"
                data-index="{{item._id}}"
                bindtap="addNumber"
            >+</button>
        </view>
        <view class="item_check_box" style="width: {{width * 0.1}}px;">
            <button class="item_info_delete" data-index="{{item._id}}" bindtap="deleteBtn">
                <image src="../../images/delete item.png"></image>
            </button>
        </view>
    </view>
</checkbox-group>
<!-- 全选按钮    共计价格    前往结算按钮 -->
<view class="bottom_box">
    <view class="settlement_box">
        <label class="settlement_check">
            <checkbox checked="{{selectedAll}}" class="settlement_check_btn" />全选
        </label>
        <view class="settlement_btn_box">
            <view class="settlement_price">
                共计 <text>{{totalPrice}}</text> 元
            </view>
            <button class="settlement_btn" bindtap="goSettlement">前往结算</button>
        </view>
```

```
        </view>
    </view>
```

第二步：获取购物车数据并渲染，通过云函数 API(db.collection('todos').get()) 获取 shopping-car 集合内的所有数据，并将其异步至 data 值内，然后循环已获取的数据，计算总价并设置给 data 的 totalPrice，具体代码如下。

```
/**
   * 生命周期函数——监听页面加载
   */
  onLoad: function (options) {
    var that = this
    // 获取云端数据（ 通过用户 openID ）
    db.collection('shopping-car').where({
      _openid: 'xxxxxx' // 使用自己的 id
    }).get({
      success: function(res){
        var data = res.data
        var price = 0
        var cid = []
        for(let i=0;i<data.length;i++){
          price += data[i].number * data[i].price
          cid.push(data[i]._id)
        }
        that.setData({
          orders: data,
          totalPrice: price,
          checkId: cid
        })
      }
    })
    that.setData({
      height: wx.getSystemInfoSync().windowHeight,
      width: wx.getSystemInfoSync().windowWidth
    })
  },
```

第三步：实现数量加减功能，获取当前按钮的_id 值，通过_id 值获取对应的数量值。若用户选择“-”，则执行数量减少操作；若用户选择“+”，则执行数量增加操作。通过 db.collection('todos').doc('_id').update() 修改数据库中 shopping-car 集合对应 id 的值，获取数据库 shopping-car 中的所有值并设置给 data 值的 orders，循环已获取的数据，计算总价并设置给 data 值的 totalPrice。具体代码如下。

```
  // 数量减少
  reduceNumber (e) {
    // 计算数量
    var indexS = e.target.dataset.index;
    var data = this.data.orders;
    console.log(data);
    var n = 0;
```

```
        for(let i=0;i<data.length;i++){
            if(data[i]._id == indexS){
                n = data[i].number
                break;
            }
        }
        n--;
        // 云端更新
        this.upItem(indexS,n)
        // 计算总价
        this.getItem(this)
        var newData = this.data.orders
        console.log(newData);
        this.priceTottalFun(this,newData)
    },
    // 数量增加
    addNumber (e) {
        // 计算数量
        var indexS = e.target.dataset.index;
        var data = this.data.orders;
        var n = 0;
        // 获取当前下标对应的数量
        for(let i=0;i<data.length;i++){
            if(data[i]._id == indexS){
                n = data[i].number
                break;
            }
        }
        n++;
        // 更新指定数据
        this.upItem(indexS,n)
        // 计算总价
        this.getItem(this)
        var newData = this.data.orders
        this.priceTottalFun(this,newData)
    },
```

第四步：通过勾选“商品选择”按钮触发事件 checkboxChange，返回数组（checkbox 的 value 值）。判断返回的数组长度与初始数据长度是否一致，如果一致，则表示全选；如果不一致，则表示不全选。将返回的数组设置给 checkId，根据 checkId 获取数据计算总价。

```
    // 勾选商品
    checkboxChange (e) {
        var ids = e.detail.value;
        var data = this.data.orders;
        // 判断全选
        if(ids.length == data.length){
            this.setData({selectedAll: true})
        }else{
```

```
            this.setData({selectedAll: false})
        }
        // 获取当前 data 中的数组，根据当前勾选的 value 值进行查询，弹出对应数据，并组成新的数据，点击结
算按钮提交传输数据
        this.getBillNumber(ids,orders);
        // 判断勾选状态
        if(ids.length == 0){
          this.setData({
            totalPrice: 0
          })
        }else{
          // 计算总价
          var ttprice = 0;
          for(let i=0;i<data.length;i++){
            for(let d=0;d<ids.length;d++){
                if(data[i]._id == ids[d]){
                  ttprice = ttprice + data[i].number * data[i].price
                  break
                }
            }
          }
          this.setData({
            totalPrice: ttprice
          })
        }
        this.setData({
          checkId: ids
        })
      },
```

第五步：删除商品数据。使用云函数 db.collection('shopping-car').doc(_id).remove()删除对应数据，删除数据后需要重新获取数据库的 shopping-car 中所有的值并设置给 data 中的 orders，再次循环获取到的数据计算总价，具体代码如下。

```
      // 删除按钮
      deleteBtn (e){
        var index = e.target.dataset.index;
        var data = this.data.orders;
        var new_index = null;
        console.log(index);
        for(let i=0;i<data.length;i++){
          if(data[i]._id == index){
            new_index = i
            break;
          }
        }
        data.splice(new_index,1);
        // 计算总价
        var priceTottal = 0;
```

```
    for(let i=0;i<data.length;i++){
      priceTottal = priceTottal + data[i].number * data[i].price;
    };
    this.setData({
      orders: data,
      totalPrice: priceTottal
    })
    // 云端数据删除操作
    db.collection('shopping-car').doc(index).remove({
      success: function(res){
        console.log('删除成功');
      }
    })
  },
```

9.3.5 任务 4——结算页面的实现

要求：

（1）页面展示地址栏、商品栏、确定按钮栏。

（2）获取云端地址进行渲染。

设计思路：

（1）使用 wx:if 进行条件渲染。

（2）使用云函数 API 获取云端地址。

第一步：创建 pages/settlement/settlement.wxml，进行页面布局，具体代码如下。

```
<image src="../../images/mapBg.png" class="topBg"></image>
<view class="bill_con">
  <!-- 选择按钮地址 -->
  <view wx:if="{{!address_selected}}" class="selected_box">
    <view class="selected_address" bindtap="selectAddress">
      <image src="../../images/add.png"></image>
      <text>点击添加地址</text>
    </view>
  </view>
  <view wx:else>
    <!-- 地址内容 -->
    <view class="address_con">
      <view class="address_con_detail">{{addressDetail.address}}</view>
      <view class="address_con_info">
        <text>{{addressDetail.name}}</text>
        <text>{{addressDetail.userPhone}}</text>
      </view>
    </view>
    <!-- 送达时间 -->
    <view class="service_time">
      <view>立即送出</view>
      <view>大约 25 分钟后到达</view>
```

```
      </view>
    </view>
    <!-- 账单信息标题 -->
    <view class="item_title">
      <text>账单列表</text>
    </view>
    <!-- 账单列表 -->
    <view class="item" wx:for="{{commodityList}}" wx:key="normal">
      <image class="item_img" src="{{item.img_url}}"></image>
      <view class="item_con">
        <view class="item_con_title">{{item.title}}</view>
        <view class="item_con_info">{{item.info}}</view>
        <view class="item_con_number">
          <text>数量：</text>
          <text>{{item.number}}</text>
        </view>
      </view>
      <view class="item_price">
        <text>￥</text>
        <text>{{item.price}}</text>
      </view>
    </view>
      <view class="pay_total_price">
        <text>共计：</text>
        <text class="pay_total_price_number">{{totalPrice}}</text>
        <text>元</text>
      </view>
    <!-- 点击支付按钮 -->
    <view class="pay_btn_con">
      <button class="pay_btn" bindtap="payBtn">确认账单并支付</button>
    </view>
  </view>
```

第二步：获取地址，使用云函数 API 通过_openid 获取云端集合 bill-list 的 addressDetail 字段值，判断长度是否为 0，如果长度为 0，则 address_selected 值为 false，显示“添加地址”按钮；如果长度不为 0，则该值为 true，显示具体地址。“添加地址”按钮绑定 selectAddress() 函数，当单击改按钮时，通过 wx.navigateTo()跳转至地址选择页，具体代码如下。

```
  /* 生命周期函数——监听页面加载 */
    onLoad: function (options) {
      var _this = this;
      db.collection('bill-list').where({
        _openid: 'xxxxx' // 自己的 id
      }).get({
        success: function(res){
          var data = res.data;
          _this.setData({
            addressDetail: data[0].addressDetail[0],
            address_selected: data[0].addressSelect,
```

```
              commodityList: data[0].commodityList,
              totalPrice: data[0].totalPrice,
              bId: data[0]._id
            })
            if(data[0].addressDetail.length == 0){
              _this.setData({
                address_selected: false
              })
            }else{
              _this.setData({
                address_selected: true
              })
            }
          }
        })
        console.log(_this.data);
      }
    }),
      selectAddress () {
        var id = this.data.bId;
        wx.navigateTo({
          url: '../../pages/address/address',
          success: function(res){
            res.eventChannel.emit('postBillId', id)
          }
        })
      },
```

第三步：确认并提交数据，获取当前数据并更新集合 bill-list，如果 wx.showToast 弹出提示框，则表示信息确认成功，具体代码如下。

```
      payBtn () {
        var _this = this;
        wx.showToast({
          title: '支付成功',
          icon: 'success',
          duration: 2000
        })
        db.collection('bill-list').add({
          data: {
            addressDetail: _this.data.addressDetail,
            commodityList: _this.data.commodityList,
            totalPrice: _this.data.totalPrice
          }
        })
        db.collection('bill-list').doc(this.data._id).update({
          data:{
            addressSelect: _this.data.address_selected,
            addressDetail: _this.data.addressDetail
```

```
        }
      })
    },
```

9.3.6 任务 5——地址管理页面的实现

要求：

（1）渲染云端地址。

（2）对地址进行删除和新增。

设计思路：使用云函数 API 获取云数据库中的地址数据并进行渲染。

第一步：创建 pages/address/address.wxml，进行页面布局，具体代码如下。

```
<view class="address_box">
  <radio-group bindchange="checkAddress">
    <view class="address_item" wx:for="{{address_list}}" wx:key="normal">
      <view class="address_check_box">
        <radio class="address_check_btn" value="{{item._id}}"/>
      </view>
      <view class="address_info">
        <view class="address_info_detail">{{item.address}}</view>
        <view class="address_info_box">
          <view class="address_info_phone">{{item.phone}}</view>
          <view class="address_info_name">{{item.name}}</view>
        </view>
      </view>
      <view class="address_delete" data-index="{{item._id}}" bindtap="deleteItem">
        <image src="../../images/Delete Item CC And M.png"></image>
      </view>
    </view>
  </radio-group>
</view>
<view class="add_newAddress_box">
  <view class="add_newAddress_btn" bindtap="goAddNewAddress">
    <image src="../../images/add.png"></image>
    <text>添加新地址</text>
  </view>
</view>
```

第二步：数据渲染与绑定，通过云函数 API 获取集合 address 中的所有数据并设置给 data 的 address_list 值，具体代码如下。

```
/* 生命周期函数——监听页面加载 */
  onLoad: function (options) {
    var _this = this;
    db.collection('address').where({_openid: 'oFDcs5OzrHM3u_rYotRb5J9GmasY'}).get({
      success: function(res){
        _this.setData({
          address_list: res.data
        })
```

```
        }
      })
      const eventChannel = _this.getOpenerEventChannel()
      eventChannel.on('postBillId', function(data) {
        console.log(data)
        _this.setData({
          uId: data
        })
      })
    }
```

第三步：编写单选按钮发生改变时的方法，对应 radio 触发 change 事件时执行 checkAddress()，事件对象中的 detail.value 便是对应列表项的_id，根据对应_id 通过云函数 API 更新 bill-list 集合中的 addressDetail 字段值，wx.navigateTo 跳转至账单确认页。

```
    // 勾选单选框按钮
    checkAddress (e) {
      const index = e.detail.value
      const data = this.data.address_list;
      var item = '';
      for(let i=0;i<data.length;i++){
        if(data[i]._id == index){
          item = data[i];
          break
        }
      }
      console.log(item)
      console.log(this.data.uId)
      db.collection('bill-list').doc(this.data.uId).update({
        data: {
          addressDetail: [item]
        },
        success: function(res){
          console.log(更新成功)
        }
      })
      wx.navigateTo({
        url: '../settlement/settlement'
      })
    },
```

第四步：删除地址，获取当前按钮携带对应_id 值，使用云函数 API 根据当前_id 值删除集合 address 中对应的_id 字段，使用云函数 API 获取 address 集合中的所有值，并设置给 data 的 address_list 值，具体代码如下。

```
    // 删除对应地址
    deleteItem (e) {
      var index = e.currentTarget.dataset.index;
      var data = this.data.address_list;
      var targetIndex = '';
      for(let i=0;i<data.length;i++){
```

```
        if(data[i]._id == index) {
          targetIndex = i;
        }
      }
      data.splice(targetIndex,1);
      this.setData({
        address_list: data
      })
      db.collection('address').doc(index).remove({
        success: function(res){
          console.log('删除成功');
        }
      })
      wx.showToast({
        title: '删除成功',
        icon: 'success',
        duration: 1500
      })
    },
```

第五步：新增地址，跳转至新增地址页，具体代码如下。

```
  // 前往添加新地址页面
  goAddNewAddress () {
    wx.navigateTo({
      url: '../../pages/newAddress/newAddress',
    })
  }
```

9.3.7 任务 6——新增地址页面的实现

要求：

（1）能够选择地址。

（2）将地址保存至云端。

设计思路：

（1）使用 picker 组件实现省、市、区三级选择器。

（2）使用云函数 API 将地址保存至云数据库中。

第一步：创建 pages/newAddress/newAddress.wxml，进行页面布局，具体代码如下。

```
<view class="section">
  <view class="section__title">省市区域选择</view>
  <picker mode="region" bindchange="bindRegionChange" value="{{region}}" custom-item="{{customItem}}">
    <view class="picker">
      当前选择：{{region[0]}}，{{region[1]}}，{{region[2]}}
    </view>
  </picker>
</view>
```

```
<view>
  <view class="section__title">详细地址</view>
  <textarea
    id="detailAddress"
    cols="30"
    rows="10"
    placeholder="请输入详细地址(例如小区名&门牌号)"
    bindblur="detailAddress"
    value="{{address}}"
  ></textarea>
</view>
<view class="user_info">
  <view class="user_info_name_box">
    <view class="user_info_name">联系人</view>
    <view class="user_info_name_input">
      <input
        type="text"
        placeholder="输入姓名"
        bindblur="userName"
        value="{{user_name}}"
      />
    </view>
  </view>
  <view>
    <radio-group bindchange="userGender" class="user_info_gender">
      <view class="user_info_gender_item">
        <radio id="man" value="男"></radio>
        <label for="man">男</label>
      </view>
      <view  class="user_info_gender_item">
        <radio id="woman" value="女"></radio>
        <label for="woman">女</label>
      </view>
    </radio-group>
  </view>
</view>
<view class="user_phone">
  <view>手机号</view>
  <input
    type="text"
    placeholder="请输入正确的手机号"
    bindblur="userPhone"
    value="{{user_phone}}"
  />
</view>
<button type="primary" class="preservation_btn" bindtap="preservation">保存地址</button>
```

第二步：获取数据，对应表单组件绑定事件并设置给 data，具体代码如下。

```
// 选择地区
```

```
bindRegionChange: function (e) {
  this.setData({
    region: e.detail.value
  })
},
// 获取详细地址
detailAddress(e){
  var data = this.data.region
  var region = '';
  for(let i=0;i<data.length;i++){
    region += data[i];
  }
  // console.log(region)
  this.setData({
    address: region + e.detail.value
  })
},
// 获取用户名称
userName (e) {
  this.setData({
    user_name: e.detail.value
  })
},
// 获取用户性别
userGender (e){
  var genderSuffix = '';
  if(e.detail.value == "男"){
    genderSuffix = "先生"
  }else{
    genderSuffix = "女士"
  }
  // console.log(e.detail.value)
  this.setData({
    gender: genderSuffix
  })
},
// 获取用户手机号
userPhone (e) {
  this.setData({
    user_phone: e.detail.value
  })
}
```

第三步：返回地址选择页，收集对应值并通过云函数 API 上传至 address 集合中，通过 wx.navigateTo 返回至地址选择页面，具体代码如下。

```
// 保存地址
preservation () {
  var _this = this;
```

```
    db.collection('address').add({
      data: {
        name: _this.data.user_name + _this.data.gender,
        phone: _this.data.user_phone,
        address: _this.data.address
      },
      success: function(res) {
        _this.setData({
          region: ['四川省', '成都市', '武侯区'],
          customItem: '全部',
          address: null,
          user_name: null,
          user_phone: null,
          gender: null
        })
        wx.navigateTo({
          url: '../address/address',
        })
      }
    })
  }
```

9.4 小 结

本章完成了奶茶购物车小程序的制作，首先介绍了要完成本案例需要的知识，包括云开发、云数据库、云存储、云函数等，然后通过一些案例演示了它们的基本用法，最后对奶茶购物车小程序进行了分析与设计，把整个任务分解成了创建项目并配置、商品展示页实现、购物车页面实现等 6 个子任务，并依次完成了这些子任务。通过学习这些内容，读者可以掌握微信小程序的云开发相关知识。

9.5 课后习题

一、选择题

1. 云开发核心能力不包括（　　）。

A. 云存储　　B. 云数据库　　C. 云函数　　D. 服务号

2. 用户开通云开发后即创建了一个环境，默认最多可拥有（　　）个环境。

A. 1　　B. 2　　C. 3　　D. 4

3. 以下不属于文档型数据库中的概念的是（　　）。

A. 数据库（database）　　B. 集合（collection）

C. 行（row）　　D. 字段（field）

4. 下列不属于云存储特点的是（　　）。

A. 高可用　　B. 高稳定　　C. 低成本　　D. 强安全

5. 微信提供的在云函数中操作数据库、存储及调用其他云函数的库是（　　）。

A. wx-server-sdk　　B. wx-cloud-sdk

C. cloud-function-sdk　　D. wx-db-sdk

二、判断题

1. 云开发 AppID 可以使用测试号。（　　）

2. 小程序云开发是集成于小程序控制台的原生 Serverless 云服务。（　　）

3. 云数据库是关系数据库。（　　）

4. 在小程序端创建的 Date 对象代表的是服务器端时间。（　　）

5. 调用云函数时使用的方法是 wx.cloud.callFunction()。（　　）

6. 在 project.config.json 文件中用来指定本地已存在的目录作为云函数的本地根目录的字段是 cloudfunctionRoot。（　　）

三、简答题

请简述云函数的使用过程。

第10章 书城小程序

10

内容导学

近年来，移动端各种跨平台开发方案百花齐放，一方面是因为随着移动互联网的迅猛发展，原生开发无法满足快速增长的业务需求；另一方面，跨平台可以增加代码复用，降低开发成本。本章将向读者介绍当前较为成熟的一套跨平台方案 uni-app，并通过它实现前面章节所实现的功能（组件及相关 API 等）。本章需要读者具有微信小程序及 Vue.js 相关知识。

另外，本章通过书城小程序案例，引导读者通过 uni-app 制作书城首页、书籍分类页面、书籍列表页面等。通过对实际案例的任务分析与操作，读者能够熟悉通过 uni-app 创建小程序的流程，解决实际问题。

学习目标

① 了解什么是 uni-app。
② 熟练掌握 uni-app 项目的创建方法。
③ 熟练掌握 uni-app 中组件的使用方法。
④ 熟练掌握 uni-app 中 API 的使用方法。
⑤ 掌握 uni-app 中的跨平台开发方法。
⑥ 能够对书城小程序进行分析及代码实现。

10.1 uni-app 框架介绍

10.1.1 什么是 uni-app

uni-app 是一个使用 Vue.js 开发所有前端应用的框架，开发者编写一套代码，可发布到 iOS、Android、Web（响应式）以及各种小程序或平台。

uni-app 在开发者和案例数量、平台能力不受限、性能体验、周边生态、学习成本、开发成本等关键指标方面拥有很强的优势。

（1）开发者和案例数量更多

- 用户活跃数量多，案例更新迅速。
- 跨端完善度更高。

（2）平台能力不受限

- 在跨端的同时，通过条件编译+平台特有 API 调用，可以优雅地为某平台编写个性化代码，调用专有能力而不影响其他平台。

- 支持原生代码混写和原生 SDK 集成。

（3）性能体验优

- 加载新页面速度更快，使用 diff 算法更新数据。
- App 端支持原生渲染，可支撑更流畅的用户体验。
- 小程序端的性能优于市场其他框架。

（4）周边生态丰富

- 插件市场中有数千款插件。
- 支持 NPM（Node.js 软件包管理工具）、小程序组件和 SDK。
- 微信生态的各种 SDK 可直接用于跨平台 App。

（5）学习成本低

基于通用的前端技术栈，采用 Vue.js 语法+微信小程序 API，无额外学习成本。

（6）开发成本低

- 招聘、管理、测试各方面成本都大幅下降。
- HBuilderX 是高效开发神器，熟练掌握后研发效率翻倍（即便只开发一个平台）。

10.1.2 跨平台开发

从图 10-1 中可看出，uni-app 在跨平台的过程中，不牺牲平台特色，可优雅地调用平台专有能力，真正做到各取所长。

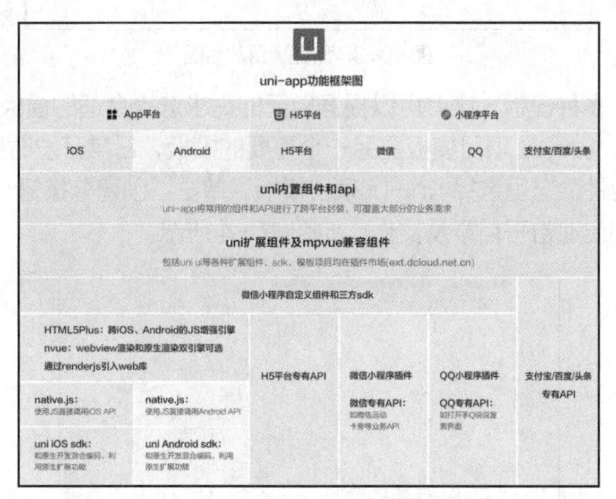

图 10-1 uni-app 功能框架图

10.2 uni-app 框架基础

10.2.1 创建 uni-app 项目

HBuilderX 是 DCloud（数字天堂）推出的一款支持 HTML5 的 Web 开发 IDE（集成开发环境）。HBuilderX 的最大优势是“快”，通过完整的语法提示和代码输入法、代码块等，大幅提升 HTML、JavaScript、CSS 的开发效率。HbuilderX 可以非常轻松地创建一个 uni-app 项目。

双击 HBuilderX 的图标打开 IDE，如图 10-2 所示。

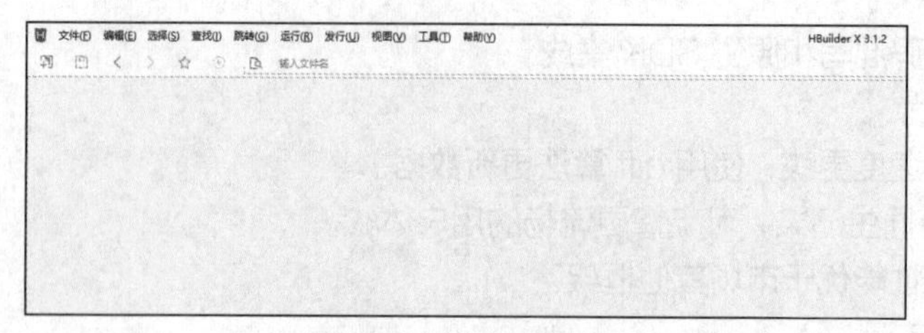

图 10-2　打开 IDE 界面

单击“新建项目”工具选项，出现“新建项目”对话框，如图 10-3 所示。项目类型是一组单项选择器，这里需要选择 uni-app 选项。在项目类型的下方，填写项目的名称及项目所放置的路径。

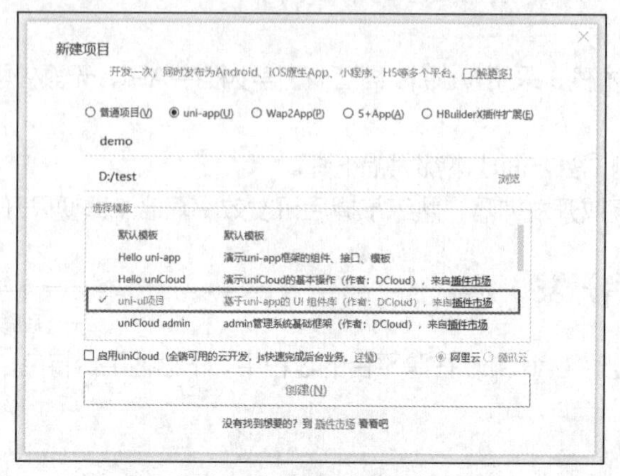

图 10-3　新建项目对话框

HBuilderX 提供了多种模板，读者可以根据自己的需求选择合适的模板。Hello uni-app 是官方的组件和 API 示例。uni-ui 项目模板是另一个重要的模板，日常开发时推荐使用该模板，它已经内置了大量的常用组件。这里选择 uni-ui 项目模板，单击“创建”按钮，此时 IDE 右下角提示项目创建成功，左侧则出现若干目录及文件，如图 10-4 所示。

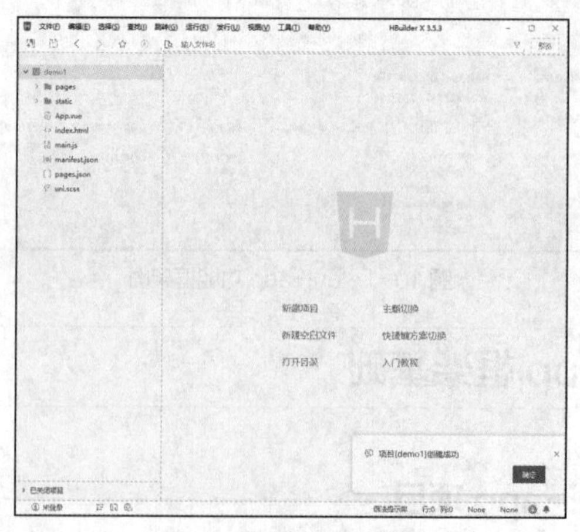

10-4　项目创建成功界面

10.2.2　目录结构

典型的 uni-app 项目目录结构如下。

```
┌─cloudfunctions          云函数目录（阿里云为 aliyun，腾讯云为 tcb）
│─components              符合 Vue.js 组件规范的 uni-app 组件目录
│  └─comp-a.vue           可复用的 a 组件
├─hybrid                  存放本地网页的目录
├─platforms               存放各平台专用页面的目录
├─pages                   业务页面文件存放的目录
│  ├─index
│  │  └─index.vue         index 页面
│  └─list
│     └─list.vue          list 页面
├─static                  存放应用引用静态资源（如图片、视频等）的目录
├─wxcomponents            存放微信小程序组件的目录
├─main.js                 Vue.js 初始化入口文件
├─App.vue                 应用配置，用来配置 App 全局样式以及监听应用生命周期
├─manifest.json           配置应用名称、appid、logo、版本等打包信息
└─pages.json              配置页面路由、导航条、选项卡等页面类信息
```

说明如下。

（1）cloudfunctions：该目录是云函数目录，在使用云开发平台进行开发的时候才会使用。

（2）components：该目录放置符合 Vue.js 组件规范的 uni-app 组件。

（3）hybrid：该目录可以放置一些本地网页文件，但由于微信小程序不支持加载本地网页文件，因而这个目录在小程序开发中不会被使用。

（4）platforms：该目录存放各平台的专用页面，在该目录下进一步创建 app-plus、mp-weixin 等子目录，可以实现整体目录条件编译的效果。

（5）pages：该目录存放业务页面文件。

（6）static：该目录存放应用引用静态资源（如图片、视频等），一定要注意静态资源只能存放在该目录中。

（7）wxcomponents：该目录存放微信小程序自定义组件。

（8）main.js：由于 uni-app 基于 Vue.js 的语法，因此需要 main.js 作为 Vue.js 初始化的入口文件。

（9）App.vue：该文件用来配置 App 全局样式及监听应用生命周期。

（10）manifest.json：该文件是应用的配置文件，用于指定应用的名称、图标、权限等。单击该文件，IDE 会弹出一系列配置项，如图 10-5 所示。在基础配置中 uni-app 应用标识（AppID）是 DCloud 应用的唯一标识，在 DCloud 提供的所有服务中，都会以 AppID 来标记一个应用。注意：这和各家小程序的 AppID 及 Apple 的 AppID（其实就是 iOS 的包名）是两套体系。uni-app 应用标识会在登录 IDE 创建 uni-app 项目时自动生成。

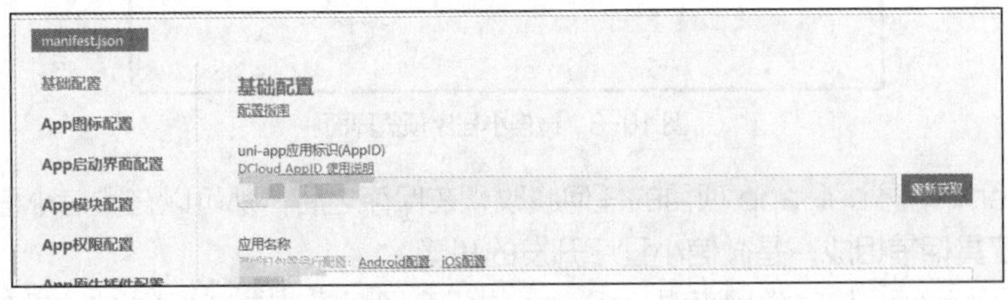

图 10-5　manifest.json 文件——基础配置

在微信小程序配置选项中，需要填写微信小程序的 AppID，如图 10-6 所示。

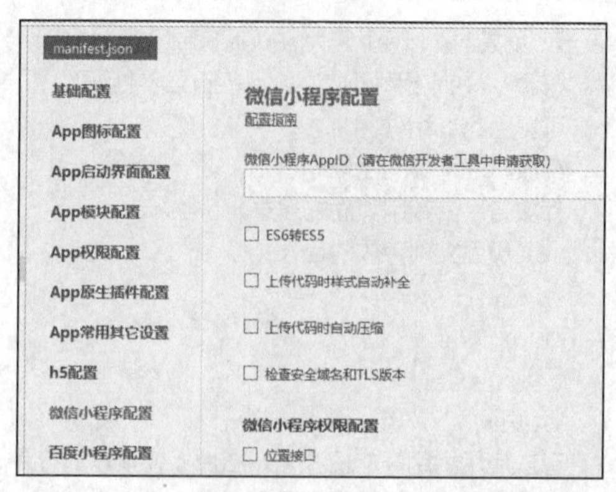

图 10-6　manifest.json 文件——微信小程序配置

此时，一个 uni-app 项目的基本配置就完成了。如图 10-7 所示，单击“运行”→“运行到小程序模拟器”→“微信开发者工具”，可以在微信小程序模拟器上预览项目，预览效果如图 10-8 所示。如果从未在 HBuilderX 中配置过微信开发者工具的路径，这时会弹出对话框，配置路径后重新运行即可。

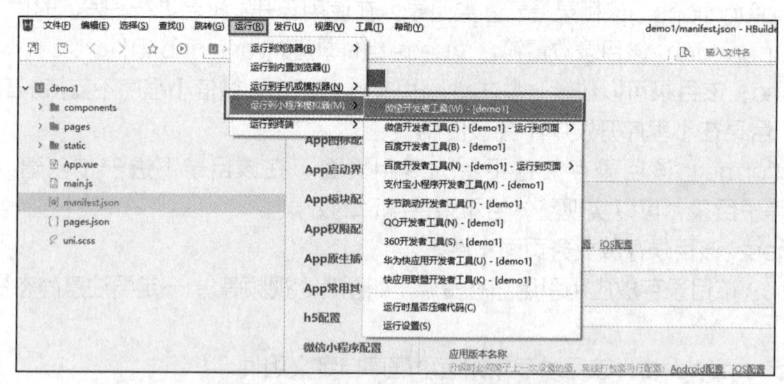

图 10-7　运行到微信小程序模拟器界面

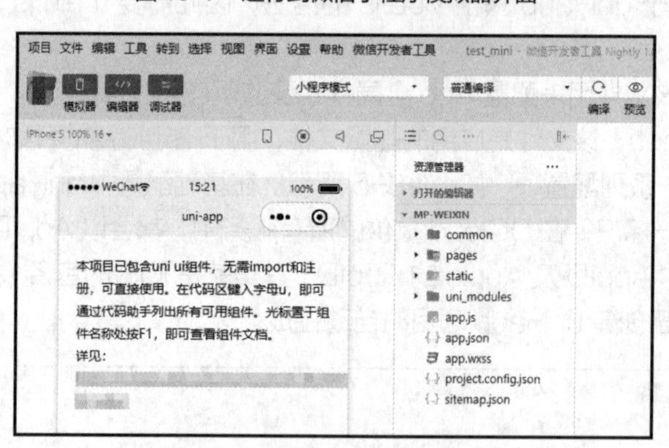

图 10-8　微信小程序预览界面

在 HBuilderX 中对 uni-app 项目的任何修改，在保存之后，都可以在微信小程序模拟器中实时预览，两个工具相辅相成，是微信小程序开发的利器。

（11）pages.json：该文件用来对 uni-app 进行全局配置，决定页面文件的路径、窗口样式、原生的导航栏、底部的原生 tabbar 等，其主要配置项如表 10-1 所示。

表 10-1　　pages.json 配置项说明

属性	类型	是否必填	说明
globalStyle	Object	否	设置默认页面的窗口表现
pages	Object Array	是	设置页面路径和窗口表现
tabBar	Object	否	设置底部 tab 的表现

① globalStyle 用于设置应用的状态栏、导航条、标题、窗口背景色等。它是一个对象，微信小程序中 globalStyle 常用的属性如表 10-2 所示。

表 10-2　　globalStyle 常用的属性

属性	类型	默认值	说明
navigationBarBackgroundColor	HexColor	#F7F7F7	导航栏背景颜色（同状态栏背景颜色）
navigationBarTextStyle	string	white	导航栏标题颜色及状态栏前景颜色，仅支持 black/white
navigationBarTitleText	string		导航栏标题文字内容
backgroundColor	HexColor	#ffffff	下拉显示出来的窗口的背景色
backgroundTextStyle	string	dark	下拉 loading 的样式，仅支持 dark/light
enablePullDownRefresh	boolean	false	是否开启下拉刷新
onReachBottomDistance	number	50	页面上拉触底事件触发时距页面底部距离，单位只支持 px

② pages 用来配置应用由哪些页面组成，它接收一个数组，数组的每一项都是一个对象，pages 常用的属性如表 10-3 所示。

表 10-3　　pages 常用的属性

属性	类型	默认值	说明
path	string		配置页面路径
style	object		配置页面窗口表现

style 属性的取值参考表 10-2，如果配置，可以在该页面中对全局的样式进行覆盖。

③ tabBar 属性在多 tab 应用中可以指定一级导航栏及相对应的页面。常用的属性如表 10-4 所示。

表 10-4　　tabBar 常用的属性

属性	类型	是否必填	说明
color	HexColor	是	tab 上文字的默认颜色
selectedColor	HexColor	是	tab 上文字选中时的颜色
backgroundColor	HexColor	是	tab 的背景颜色
list	array	是	tab 的列表，支持最少 2 个、最多 5 个 tab
position	string	否	tab 显示的位置，可选值为 bottom、top（默认为 bottom）

这里 list 属性接收一个数组，在微信小程序中这个数组需包含 2～5 个对象，即微信小程序支持最少 2 个、最多 5 个 tab。list 常用的属性如表 10-5 所示。

表 10-5 list 常用的属性

属性	类型	是否必填	说明
pagePath	string	是	页面路径，必须先在 pages 中定义
text	string	是	tab 上按钮文字
iconPath	string	否	图片路径，icon 大小限制为 40KB，建议尺寸为 81px × 81px，不支持网络图片，不支持字体图标
selectedIconPath	string	否	选中时的图片路径，对 icon 的要求与 iconPath 属性相同

下面通过一个示例，演示在 uni-app 中小程序的相关配置过程。

第一步：在 pages 目录下准备 3 个页面，分别为 pages/index/index.vue、pages/discovery/discovery.vue 和 pages/mine/mine.vue。页面结构的代码分别如下。

```
pages/index/index.vue

<template>
	<view class="container">
		这是首页
	</view>
</template>

<script>
</script>

<style>
	.container {
		padding: 20px;
		font-size: 14px;
		line-height: 24px;
	}
</style>
```

```
pages/discovery/discovery.vue

<template>
	<view class="container">这是发现页面</view>
</template>

<script>
</script>

<style>
	.container {
		padding: 20px;
		font-size: 14px;
		line-height: 24px;
	}
</style>
```

```
pages/index/index.vue

<template>
	<view class="container">
		这是首页
	</view>
</template>

<script>
</script>

<style>
	.container {
		padding: 20px;
		font-size: 14px;
		line-height: 24px;
	}
</style>
```

第二步：打开 page.json 文件，写入如下代码。

```
{
	"globalStyle": {
		"navigationBarTextStyle": "white",
		"navigationBarTitleText": "第一个 uni-app",
		"navigationBarBackgroundColor": "#0055ff",
		"backgroundColor": "#F8F8F8"
	},
	"pages": [{
		"path": "pages/index/index"
	}, {
		"path": "pages/discovery/discovery",
		"style": {
			"navigationBarTitleText":"发现"
		}
	}, {
		"path": "pages/mine/mine",
		"style": {
			"navigationBarTitleText":"我的"
		}
	}],
	"tabBar": {
		"color": "#666666",
		"selectedColor":"#0055ff",
		"list": [{
			"text":"首页",
			"pagePath":"pages/index/index",
			"iconPath":"static/home.png",
			"selectedIconPath":"static/home_a.png"
		},{
```

```
                    "text":"发现",
                    "pagePath":"pages/discovery/discovery",
                    "iconPath":"static/discovery.png",
                    "selectedIconPath":"static/discovery_a.png"
                },{
                    "text":"我的",
                    "pagePath":"pages/mine/mine",
                    "iconPath":"static/mine.png",
                    "selectedIconPath":"static/mine_a.png"
                }]
    }
}
```

该 page.json 文件对 globalStyle、pages 和 tabBar 这 3 个属性进行了配置。

在 globalStyle 属性中，通过 navigationBarTextStyle 设置导航栏文字颜色为白色，通过 navigationBarTitleText 设置全局导航栏标题为“第一个 uni-app”，通过 navigationBarBackgroundColor 设置导航栏背景色为#0055ff，backgroundColor 的作用是在页面下拉时设置显示出来的窗口的背景色为#F8F8F8。

在 pages 属性中，有 3 个对象，每个对象对应一个页面。Path 对象分别指向各自页面路径，第 2 个和第 3 个对象中都加入了 style 属性，并分别设置了各自的 navigationBarTitleText 属性，其作用为在当前页面是 discovery 页面时，导航栏文字设置为“发现”，而在当前页面是 mine 页面时，导航栏文字设置为“我的”。

tabBar 属性配置页面底部导航栏，color 属性配置导航栏 tab 默认文字颜色为#666666，selectedColor 属性配置 tab 上的文字选中时的颜色为#0055ff，list 属性是一个数组，配置底部导航栏的 3 个 tab，其中 text 是 tab 上的文字，pagePath 指向该 tab 所对应的页面，iconPath 和 selectedIconPath 是文字上方的图标路径，其中 iconPath 对应未选中 tab 时的图标，selectedIconPath 对应选中 tab 时的图标。

完成配置后运行的界面如图 10-9 所示。

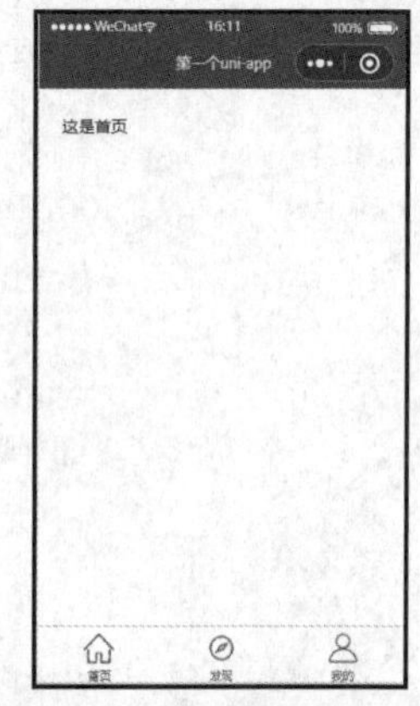

图 10-9　完成配置后运行的界面

10.2.3　语法规范

为了实现多端兼容，综合考虑编译速度、运行性能等因素，uni-app 约定了如下规范。

- 页面文件遵循 Vue.js 单文件组件（SFC）规范。
- 组件标签靠近小程序规范。
- 接口能力（JavaScript API）靠近微信小程序规范，但需将前缀 wx 替换为 uni。
- 数据绑定及事件处理同 Vue.js 规范，同时补充 App 及页面的生命周期。
- 为兼容多端运行，建议使用 Flex 布局进行开发。

1. Vue.js 单文件组件（SFC）规范

uni-app 是一个使用 Vue.js 开发所有前端应用的框架，因而需要遵循 Vue.js 单文件组件规范。.vue 文件是一个自定义的文件类型，用类似 HTML 语法描述一个 Vue.js 组件。每个.vue 文件包含 3 种类型的顶级语言块——<template>、<script>和<style>，在一个.vue 文件中

<template>和<script>语言块至多只能包含一个。.vue 文件代码如下。

```
<template>
  <div class="example">{{ msg }}</div>
</template>

<script>
export default {
  data () {
        return {
          msg: 'Hello world!'
        }
  }
}
</script>

<style>
.example {
  color: red;
}
</style>
```

2. uni-app 组件规范

组件是视图层的基本组成单元。一个组件包括开始标签和结束标签，标签上可以写属性，并对属性赋值。内容要写在两个标签内。

uni-app 为开发者提供了一系列基础组件，类似 HTML 中的基础标签。但 uni-app 的组件与 HTML 的不同，而是与小程序相同，更适合手机端使用。

虽然不推荐使用 HTML 的标签，如果开发者写了<div>等标签，在编译为微信小程序时它们也会被编译器转换为<view>标签，类似的还有<span>转<text>、<a>转<navigator>等，包括 CSS 里的元素选择器也会转换。但为了管理方便、策略统一，新写代码时建议使用<view>等组件。

开发者可以通过组合这些基础组件进行快速开发。基于内置的基础组件，可以开发各种扩展组件，组件规范与 Vue.js 的组件规范相同，如下。

```
<template>
     <view>
          <tag-name property="value">
                  content
          </tag-name>
        </view>
</template>
```

如上例所示，所有组件与属性名都是小写，单词之间以连字符“-”连接。根节点为<template>，<template>下只能且必须有一个根<view>组件。

所有组件都有的属性如表 10-6 所示。这里与第 3 章表 3-1 唯一的区别在于事件的绑定方式，在 uni-app 中事件通过“@+事件名称”的方式进行绑定。

表 10-6　所有组件都有的属性

属性	类型	描述	注解
Id	string	组件的唯一标识	保持整个页面唯一
class	string	组件的样式类	在对应的 CSS 中定义的样式类
style	string	组件的内联样式	可以动态设置的内联样式
hidden	boolean	组件是否隐藏	所有组件默认是显式的
data-*	任意	自定义属性	组件上触发事件时，会发送给事件处理函数
@*	eventhandler	组件的事件	参考 Vue.js 事件处理器

uni-app 内置的基础组件可以分为八大类：视图容器（view container）、基础内容（basic content）、表单（form）、导航（navigation）、媒体（media）、地图（map）、画布（canvas）和 webview（web-view）。

（1）视图容器（view container）

视图容器包括以下组件，如表 10-7 所示。

表 10-7　视图容器组件

组件名	说明
view	视图容器，类似于 HTML 中的 div
scroll-view	可滚动视图容器
swiper	滑块视图容器

下面通过一个示例演示视图容器组件在 uni-app 中的使用。

第一步：创建一个空项目，在 pages.json 中写入如下代码注册页面，并配置全局属性。

```
{
"pages":[
{
"path":"pages/index/index",
"style":{
"navigationBarTitleText":"uni-app"
}
}
],
"globalStyle":{
"navigationBarTextStyle":"black",
"navigationBarTitleText":"uni-app",
"navigationBarBackgroundColor":"#F8F8F8",
"backgroundColor":"#F8F8F8"
},
"condition":{//模式配置，仅开发期间生效
"current":0,//当前激活的模式（list 的索引项）
"list":[
{
"name":"",//模式名称
"path":"",//启动页面，必选
"query":""//启动参数，从页面的 onLoad()函数中获取
```

```
}
]
}
}
```

第二步：在 index.wxml 文件中写入如下页面结构代码。

```
<template>
  <view class="content">
    <view>
      <view class="title">可滚动容器</view>
      <scroll-view scroll-y="true" class="scroll-Y" >
        <view style="background:red" class="scroll-view-item">A</view>
        <view style="background:green" class="scroll-view-item">B</view>
        <view style="background:yellow" class="scroll-view-item">C</view>
      </scroll-view>
    </view>
    <view>
      <view class="title">可滑动容器</view>
      <swiper class="swiper" >
        <swiper-item>
          <view style="background:red" class="swiper-item">A</view>
        </swiper-item>
        <swiper-item>
          <view style="background:green" class="swiper-item ">B</view>
        </swiper-item>
        <swiper-item>
          <view style="background:yellow" class="swiper-item ">C</view>
        </swiper-item>
      </swiper>
    </view>
  </view>
</template>

<script>
  export default {
    components: {

    }
  }
</script>

<style>
.title{
  text-align: center;
  font-size:30px
}
.scroll-Y,.swiper,.swiper-item{
  width: 100%;
  height: 100px;
```

```
}
.scroll-view-item{
  width:100%;
  height:60px
}

</style>
```

保存上述代码，单击“运行”→“运行到小程序模拟器”→“微信开发者工具”，可以在微信小程序模拟器上预览项目。预览效果如图 10-10 所示。

页面上部是一个用<scroll-view>组件实现的可滚动容器，通过设置 scroll-y="true"可以在竖直方向进行滚动；页面下部是一个用<swiper>组件完成的可滑动容器，可以在水平方向进行滑动。

图 10-10 容器组件预览

（2）基础内容（basic content）

基础内容包括以下组件，如表 10-8 所示。

表 10-8 基础内容组件

组件名	说明
icon	图标
text	文字
rich-text	富文本
progress	进度条

下面通过一个示例演示基础内容组件在 uni-app 中的使用。

第一步：创建一个空项目，在 pages.json 中写入如下代码注册页面，并配置全局属性。

```
{
  "pages": [
    {
      "path": "pages/index/index",
      "style": {
        "navigationBarTitleText": "uni-app"
      }
    }
  ],
  "globalStyle": {
    "navigationBarTextStyle": "black",
    "navigationBarTitleText": "uni-app",
    "navigationBarBackgroundColor": "#F8F8F8",
    "backgroundColor": "#F8F8F8"
  },
  "condition" : { //模式配置，仅开发期间生效
    "current": 0, //当前激活的模式（ list 的索引项）
    "list": [
      {
        "name": "", //模式名称
```

```
            "path": "", //启动页面，必选
            "query": "" //启动参数，从页面的 onLoad()函数中获取
        }
      ]
    }
  }
```

第二步：在 index.wxml 文件中写入如下页面结构代码。

```
<template>
  <view class="content">
    <view class="item" v-for="(value,index) in iconType" :key="index">
      <icon :type="value" size="26" />
      <text>{{value}}</text>
    </view>
  </view>
</template>

<script>
  export default {
    data() {
      return {
        iconType: ['success', 'success_no_circle', 'info', 'warn', 'waiting', 'cancel', 'download', 'search', 'clear']
      }
    }
  }
</script>

<style>
  .title {
    text-align: center;
    font-size: 30px
  }

  .scroll-Y,
  .swiper,
  .swiper-item {
    width: 100%;
    height: 100px;
  }

  .scroll-view-item {
    width: 100%;
    height: 60px
  }
</style>
```

保存上述代码，单击“运行”→“运行到小程序模拟器”→“微信开发者工具”，可以在微信小程序模拟器上预览项目。预览效果如图 10-11 所示。

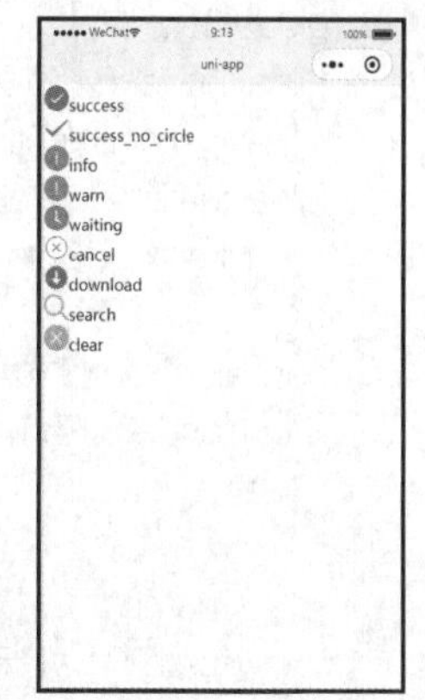

图 10-11　基础内容组件预览

在这段代码中使用了 Vue.js 中的 v-for 指令，基于数组 iconType 渲染了一个基础内容组件<icon>和<text>组成的列表。这里使用了(value,index) in iconType 形式的特殊语法，其中 iconType 是定义在 data 中的源数据数组，而 value 是被迭代的数组元素的别名，index 则是当前项的索引。

（3）表单（form）

表单包括以下组件，如表 10-9 所示。

表 10-9 表单组件

组件名	说明
button	图标
form	表单
input	输入框
checkbox	多项选择器
radio	单项选择器
picker	弹出式列表选择器
picker-view	窗体内嵌式列表选择器
slider	滑动选择器
switch	开关选择器
label	标签

下面通过一个示例演示表单组件在 uni-app 中的使用。

第一步：创建一个空项目，在 pages.json 中写入如下代码注册页面，并配置全局属性。

```
{
  "pages": [
    {
      "path": "pages/index/index",
      "style": {
        "navigationBarTitleText": "uni-app"
      }
    }
  ],
  "globalStyle": {
    "navigationBarTextStyle": "black",
    "navigationBarTitleText": "uni-app",
    "navigationBarBackgroundColor": "#F8F8F8",
    "backgroundColor": "#F8F8F8"
  },
  "condition" : { //模式配置，仅开发期间生效
    "current": 0, //当前激活的模式（ list 的索引项）
    "list": [
      {
        "name": "", //模式名称
        "path": "", //启动页面，必选
        "query": "" //启动参数，从页面的 onLoad()函数中获取
```

```
        }
      ]
    }
}
```

第二步：在 index.wxml 文件中写入如下页面结构代码。

```
<template>
  <view class="content">
    <form @submit="formSubmit" @reset="formReset">
      <view>
        <view class="title">switch</view>
        <view>
          <switch name="switch" />
        </view>
      </view>
      <view>
        <view class="title">radio</view>
        <radio-group name="radio">
          <label>
            <radio value="radio1" /><text>选项一</text>
          </label>
          <label>
            <radio value="radio2" /><text>选项二</text>
          </label>
        </radio-group>
      </view>
      <view>
        <view class="title">checkbox</view>
        <checkbox-group name="checkbox">
          <label>
            <checkbox value="checkbox1" /><text>选项一</text>
          </label>
          <label>
            <checkbox value="checkbox2" /><text>选项二</text>
          </label>
        </checkbox-group>
      </view>
      <view>
        <view class="title">slider</view>
        <slider value="50" name="slider" show-value></slider>
      </view>
      <view>
        <view class="title">input</view>
        <input name="input" placeholder="这是一个输入框" />
      </view>
      <view>
        <button form-type="submit">Submit</button>
        <button type="default" form-type="reset">Reset</button>
      </view>
```

```
        </form>
    </view>
</template>

<script>
    export default {
        data() {
            return {

            }
        },
        methods: {
            formSubmit: function(e) {
                console.log('form 发生了 submit 事件，携带数据为：' + JSON.stringify(e.detail.value))
                var formdata = e.detail.value
                uni.showModal({
                    content: '表单数据内容：' + JSON.stringify(formdata),
                    showCancel: false
                });
            },
            formReset: function(e) {
                console.log('清空数据')
            }
        }
    }
</script>

<style>
    .title {
        text-align: center;
        font-size: 20px;
    }
</style>
```

保存上述代码，单击“运行”→“运行到小程序模拟器”→“微信开发者工具”，可以在微信小程序模拟器上预览项目。预览效果如图 10-12 所示。

图 10-12　表单组件预览

在这段代码中使用 Vue.js 中的@语法注册了表单的提交事件（submit）和重置事件（reset），在事件触发时会调用 methods 中定义的相应方法。

（4）导航（navigation）

导航包括以下组件，如表 10-10 所示。

表 10-10　导航组件

组件名	说明
navigator	页面链接。类似于 HTML 中的<a>标签

（5）媒体（media）

媒体包括以下组件，如表 10-11 所示。

表 10-11 媒体组件

组件名	说明
audio	音频
camera	相机
image	图片
video	视频
live-player	直播播放
live-pusher	实时音/视频录制，也称直播推流

（6）地图（map）

地图包括以下组件，如表 10-12 所示。

表 10-12 地图组件

组件名	说明
map	地图

（7）画布（canvas）

画布包括以下组件，如表 10-13 所示。

表 10-13 画布组件

组件名	说明
canvas	画布

（8）webview（web-view）

webview 包括以下组件，如表 10-14 所示。

表 10-14 webview 组件

组件名	说明
web-view	web 浏览器组件

上述组件的属性及其用法在前面章节已有介绍，这里不再赘述。需要注意的是，组件的事件在原生组件中以 bind 开头，这里需改成以@开头。如<scroll-view>组件的 bindscroll 事件，在 uni-app 中需改写为@scroll 事件。

10.2.4 生命周期

在 uni-app 中定义了 3 种生命周期——应用生命周期、页面生命周期和组件生命周期。

1. 应用生命周期

uni-app 支持的应用生命周期函数如表 10-15 所示。

表 10-15　　应用生命周期函数

函数名	说明
onLaunch	当 uni-app 初始化完成时触发（全局只触发一次）
onShow	当 uni-app 启动或从后台进入前台显示时触发
onHide	当 uni-app 从前台进入后台时触发
onError	当 uni-app 报错时触发
onUnhandledRejection	对未处理的 Promise 拒绝事件监听函数（2.8.1+）
onPageNotFound	页面不存在监听函数
onThemeChange	监听系统主题变化

需要注意的是，上述应用生命周期仅可在 App.vue 中监听，在其他页面监听无效。

2. 页面生命周期

uni-app 支持的页面生命周期函数如表 10-16 所示。

表 10-16　　页面生命周期函数

函数名	说明
onLoad	监听页面加载，其参数为上个页面传递的数据，参数类型为 Object（用于页面传参）
onShow	监听页面显示。页面每次出现在屏幕上都触发该函数，包括从下级页面返回到当前页面
onReady	监听页面初次渲染完成。注意：如果渲染速度快，会在页面进入动画完成前触发该函数
onHide	监听页面隐藏
onUnload	监听页面卸载
onResize	监听窗口尺寸变化
onPullDownRefresh	监听用户下拉动作，一般用于下拉刷新
onReachBottom	页面滚动到底部的事件（不是 scroll-view 滚动到底部），常用于下拉下一页数据
onTabItemTap	点击 tab 时触发，参数为 Object
onShareAppMessage	用户点击右上角分享时触发该函数
onShareTimeline	监听到用户点击右上角转发到朋友圈时触发该函数
onAddToFavorites	监听到用户点击右上角收藏时触发该函数

3. 组件生命周期

这里的组件是指 uni-app 中使用的单文件组件，uni-app 支持的组件生命周期函数如表 10-17 所示。

表 10-17　　组件生命周期函数

函数名	说明
beforeCreate	在实例初始化之后被调用
created	在实例创建完成后被立即调用
beforeMount	在挂载开始之前被调用

续表

函数名	说明
mounted	挂载到实例上调用。注意：此处并不能确定子组件被全部挂载，如果需要子组件完全挂载之后再执行操作可以使用$nextTick
beforeDestroy	实例销毁之前调用。在这一步，实例仍然完全可用
destroyed	Vue.js 实例销毁后调用。调用后，Vue.js 实例指示的所有东西都会解绑定，所有的事件监听器会被移除，所有的子实例也会被销毁

下面通过一个示例演示这 3 种生命周期函数的使用。

第一步：创建一个空项目，在 App.vue 中写入如下代码。

```
<script>
  export default {
    onLaunch: function () {
      console.log('App Launch')
    },
    onShow: function () {
      console.log('App Show')
    },
    onHide: function () {
      console.log('App Hide')
    }
  }
</script>

<style>
  /*每个页面的公共 CSS */
</style>
```

这段代码定义了 3 个应用生命周期函数：onLaunch、onShow 和 onHide。

第二步：在 components 目录下创建 hello.vue，代码如下。

```
<template>
  <view>
    hello uni-app
  </view>
</template>

<script>
  export default {
    data() {
      return {

      };
    },
    created(){
      console.log('compontent created')
    },
    mounted(){
```

```
        console.log('compontent mounted')
      }
    }
  </script>
```

hello.vue 是一个 SFC 的组件，这里定义了两个组件生命周期函数 created()和 mounted()。

第三步：打开 index.vue，在文件中写入如下代码。

```
<template>
  <view class="content">
       <hello></hello>
  </view>
</template>

<script>
  import hello from "../../components/hello.vue"
  export default {
    onLoad(){
      console.log('Page Load')
    },
    onShow(){
      console.log('Page Show')
    },
    onReady(){
      console.log('Page Ready')
    },
    components:{
      hello
    }
  }
</script>
```

这段代码首先通过 import 语句引入 hello.vue 组件，并通过 components 属性进行组件的注册。这里还定义了 3 个页面生命周期函数 onLoad、onShow 和 onReady。

保存以上代码，执行结果如图 10-13 所示。

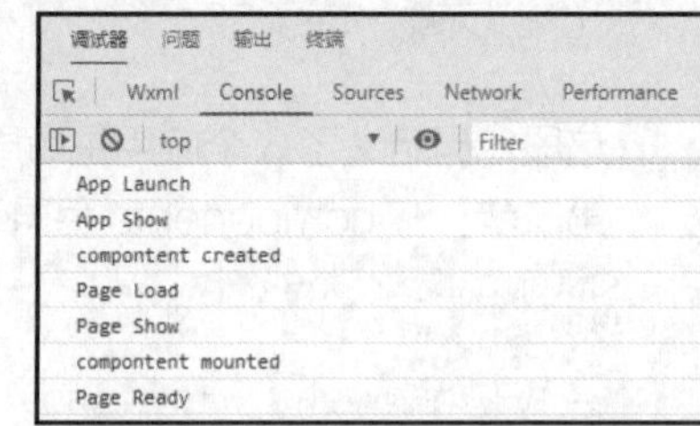

图 10-13　uni-app 生命周期

10.3　uni-app 常用 API

10.3.1　页面跳转

页面跳转是非常常用的操作，在 uni-app 中也不例外，它提供了诸多 API 用于完成不同场景的页面跳转。

（1）uni.navigateTo(OBJECT)

uni.navigateTo(OBJECT)方法可以保留当前页面，跳转到应用内的某个页面。OBJECT 参数说明如表 10-18 所示。

表 10-18　　OBJECT 参数说明

函数名	类型	是否必填	说明
url	string	是	需要跳转的应用内非 tabBar 的页面的路径，路径后可以带参数。参数与路径之间使用"?"分隔，参数键与参数值用"="相连，不同参数用"&"分隔；如'path?key=value&key2=value2'，其中，path 为下一个页面的路径，下一个页面的 onLoad 函数可得到传递的参数
events	object	否	页面间通信接口，用于监听被打开页面发送到当前页面的数据
success	function	否	接口调用成功的回调函数
fail	function	否	接口调用失败的回调函数
complete	function	否	接口调用结束的回调函数（无论是调用成功还是调用失败都会执行）

（2）uni.navigateBack(OBJECT)

uni.navigateBack(OBJECT)方法可以关闭当前页面，返回上一页面或多级页面。OBJECT 参数说明如表 10-19 所示。

表 10-19　　OBJECT 参数说明

函数名	类型	是否必填	说明
delta	number	否	返回的页面数，如果 delta 大于现有页面数，则返回到首页（默认为 1）

（3）uni.redirectTo(OBJECT)

uni.redirectTo(OBJECT)方法可以关闭当前页面，跳转到应用内的某个页面。OBJECT 参数说明如表 10-20 所示。

表 10-20　　OBJECT 参数说明

函数名	类型	是否必填	说明
url	string	是	需要跳转的应用内非 tabBar 的页面的路径，路径后可以带参数。参数与路径之间使用"？"分隔，参数键与参数值用"="相连，不同参数用"&"分隔；如'path?key=value&key2=value2'
success	function	否	接口调用成功的回调函数
fail	function	否	接口调用失败的回调函数
complete	function	否	接口调用结束的回调函数（无论是调用成功还是调用失败都会执行）

下面通过一个示例演示页面跳转 API 的使用。

第一步：创建一个空项目，在 pages.json 中注册两个页面 index 和 other，具体代码如下。

```
{
  "pages": [
    {
      "path": "pages/index/index",
      "style": {
        "navigationBarTitleText": "首页"
      }
    },
    {
      "path": "pages/other/other",
```

```
            "style": {
                "navigationBarTitleText": "其他"
            }
        }
    ],
    "globalStyle": {
        "navigationBarTextStyle": "black",
        "navigationBarTitleText": "uni-app",
        "navigationBarBackgroundColor": "#F8F8F8",
        "backgroundColor": "#F8F8F8"
    }
}
```

第二步：打开 pages/index/index.vue，写入如下代码。

```
<template>
    <view class="content">
        <image class="logo" src="/static/logo.png"></image>
        <view class="text-area">
            <button @click="toOther">跳转页面</button>
        </view>
    </view>
</template>
<script>
    export default {
        methods: {
            toOther() {
                uni.navigateTo({
                    url:'/pages/other/other?id=1&name=ccit'
                })
            }
        }
    }
</script>
<style>
    .content {
        display: flex;
        flex-direction: column;
        align-items: center;
        justify-content: center;
    }
    .logo {
        height: 200rpx;
        width: 200rpx;
        margin-top: 200rpx;
        margin-left: auto;
        margin-right: auto;
        margin-bottom: 50rpx;
    }
    .text-area {
```

```
        display: flex;
        justify-content: center;
    }
    .title {
        font-size: 36rpx;
        color: #8f8f94;
    }
</style>
```

第三步：创建 pages/other/other，完成 other 页面，具体代码如下。

```
<template>
    <view class="content">
        <view class="text">这是另一个页面</view>
        <button @click="back">返回首页</button>
    </view>
</template>
<script>
    export default {
        methods: {
            back(){
                uni.navigateBack();
            }
},
onLoad(option) {
            console.log(option.id);
            console.log(option.name);
        }
    }
</script>
<style>
    .content {
        display: flex;
        flex-direction: column;
        align-items: center;
        justify-content: center;
    }
    .text {
        height: 200rpx;
        text-align: center;
        margin-top: 200rpx;
        margin-left: auto;
        margin-right: auto;
        margin-bottom: 50rpx;
        font-size: 36px;
        font-weight: bold;
    }
</style>
```

保存以上代码，执行结果如图 10-14 所示。

单击“跳转页面”按钮，会调用 uni.navigateTo()方法跳转页面，其中 url 中带有两个参数 id 和 name。跳转后的页面如图 10-15 所示。

通过 url 传递的参数，在“其他”(other) 页面中可以通过页面生命周期函数 onLoad 进行接收，获取到的参数如图 10-16 所示。

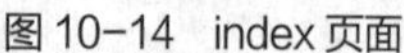
图 10-14　index 页面

图 10-15 “其他”页面

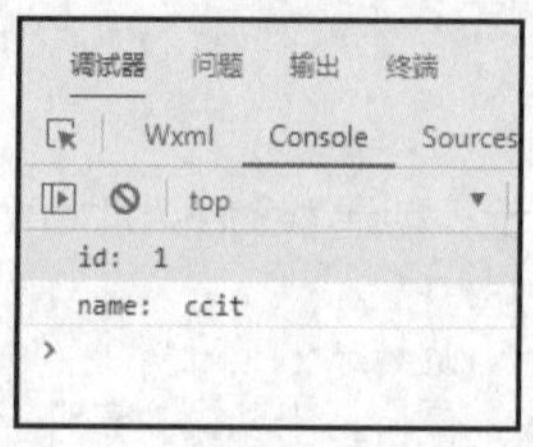

图 10-16 “其他”页面获取的参数

在“其他”页面单击“返回首页”按钮，会调用 uni.navigateBack()方法，返回到上一个页面。

10.3.2 发起请求

uni.request(OBJECT)方法可以发起网络请求，OBJECT 参数说明如表 10-21 所示。

表 10-21　OBJECT 参数说明

函数名	类型	是否必填	说明
url	string	是	需要跳转的应用内非 tabBar 的页面的路径，路径后可以带参数。参数与路径之间使用“?”分隔，参数键与参数值用“=”相连，不同参数用“&”分隔；如'path?key=value&key2=value2'
success	function	否	接口调用成功的回调函数
fail	function	否	接口调用失败的回调函数
complete	function	否	接口调用结束的回调函数（无论是调用成功还是调用失败都会执行）

下面通过一个示例演示 uni.request()方法的使用。

创建一个空项目，打开 pages/index/index.vue，写入如下代码。

```
<template>
  <view class="content">
    <view class="title">学生成绩查询</view>
    <view class="box">
      <view >学生选择:</view>
      <picker class="picker-box" @change="bindPickerChange" :value="index" :range="array">
        <view >{{array[index]}}</view>
      </picker>
    </view>
    <view class="grade-box">
      <view class="grade">
        数学:{{stu.math}}
      </view>
      <view class="grade">
        语文:{{stu.chinese}}
      </view>
```

```
            <view class="grade">
              英语:{{stu.english}}
            </view>
          </view>
        </view>
      </template>
      <script>
        export default {
          onLoad() {
            this.req("小明")
          },
          data() {
            return {
              array:['小明','小红','小华','张三','李四','刘能'],
              index:0,
              stu:{math:0,chinese:0,english:0}
            }
          },
          methods: {
            bindPickerChange(e){
              this.index=e.detail.value
              this.req(this.array[e.detail.value])
            },
            req(value){
              uni.request({
                url:"https://www.zhonghuich.com/uni.php?name="+value,// 请用户自行搜索类似服务接口或根
据本教材提供的代码自行搭建服务器
                success: (res) => {
                  this.stu=res.data
                }
              })
            }
          }
        }
      </script>
      <style>
        .title {
          text-align: center;
          font-size: 30px;
          margin:10px 0;
        }
        .box{
          margin:10px 0px;
          display: flex;
          justify-content: center;
          font-size: 25px;
        }
        .picker-box{
```

```
        color: blue;
    }
    .grade-box{
        font-size: 20px;
        margin:50px;
        border: #333333 1px dashed;
        padding: 10px;
    }
</style>
```

保存以上代码，运行效果如图 10-17 所示。

在这个页面中有一个<picker>组件，单击该组件会从底部弹起一个滚动选择器，用于选择学生。该组件绑定 change 事件，当学生发生改变时会使用 uni.request 发起请求，获取学生的数学、语文、英语成绩。例如，重新选择学生小华，页面如图 10-18 所示。

图 10-17　小明成绩页面

图 10-18　小华成绩页面

需要注意的是，如果使用测试 AppID 完成这个示例，需要将 HBuilderX 中小程序配置“检查安全域名和 TLS 版本”选项去除，如图 10-19 所示。或在微信开发者工具中勾选“不校验合法域名、web-view（业务域名）、TLS 版本以及 HTTPS 证书”选项，如图 10-20 所示。

图 10-19　HBuilderX 配置页面

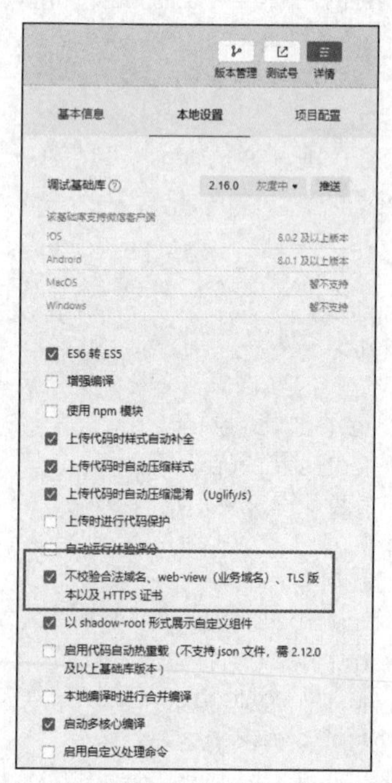

图 10-20　微信小程序开发者工具配置页面

10.4 案例：书城小程序

10.4.1 案例分析

书城小程序模拟了市面上常见的书城类小程序。在首页进行热门书籍的推荐，如图 10-21 所示；分类页显示所有的书籍分类，如图 10-22 所示；书架页显示当前用户收藏的书籍，如图 10-23 所示；“我的”页面是个人中心，如图 10-24 所示。

图 10-21　首页

图 10-22　分类页

图 10-23　书架页

图 10-24　“我的”页面

10.4.2 任务1——创建项目并配置导航栏

要求：

（1）创建一个新的项目。

（2）配置页面导航栏。

（3）注册 index、classify、bookshelf 和 personal 这 4 个页面。

（4）配置 tabBar。

导航栏如图 10-25 所示。

图 10-25　书城小程序导航栏

新建一个空项目，项目名称为“书城小程序”，删除多余文件。

第一步：打开 page.json 文件，输入如下代码设置导航栏。

```
"globalStyle": {
   "navigationBarTextStyle": "black",
   "navigationBarTitleText": "书城小程序",
   "navigationBarBackgroundColor": "#DAA520",
   "backgroundColor": "#F8F8F8"
}
```

第二步：在 page.json 文件中输入如下代码，配置 4 个页面。

```
"pages": [
    {
      "path": "pages/index/index",
      "style": {
        "navigationBarTitleText": "书城小程序"
      }
    },
    {
      "path": "pages/classify/classify",
      "style": {
        "navigationBarTitleText": "分类",
        "enablePullDownRefresh": false
      }
    },
    {
      "path": "pages/bookshelf/bookshelf",
      "style": {
        "navigationBarTitleText": "书架",
        "enablePullDownRefresh": false
      }
    },
    {
      "path": "pages/personal/personal",
```

```
        "style": {
          "navigationBarTitleText": "个人中心",
          "enablePullDownRefresh": false
        }
      },
      {
        "path": "pages/list/list",
        "style": {
          "navigationBarTitleText": "",
          "enablePullDownRefresh": false
        }
      },
      {
        "path": "pages/book/book",
        "style": {
          "navigationBarTitleText": "详情",
          "enablePullDownRefresh": false
        }
      },
      {
        "path": "pages/read/read",
        "style": {
          "navigationBarTitleText": "",
          "enablePullDownRefresh": false
        }
      }
    ]
```

第三步：在 pages.json 文件中输入如下代码，配置 tabBar。

```
  "tabBar": {
    "color": "#bfbfbf",
    "selectedColor": "#DAA520",
    "borderStyle": "black",
    "backgroundColor": "#fff",
    "list": [
      {
        "pagePath": "pages/index/index",
        "iconPath": "static/images/tab/index.png",
        "selectedIconPath": "static/images/tab/selected_index.png",
        "text": "首页"
      },
      {
        "pagePath": "pages/classify/classify",
        "iconPath": "static/images/tab/classify.png",
        "selectedIconPath": "static/images/tab/selected_classify.png",
        "text": "分类"
      },
      {
        "pagePath": "pages/bookshelf/bookshelf",
```

```
            "iconPath": "static/images/tab/bookshelf.png",
            "selectedIconPath": "static/images/tab/selected_bookshelf.png",
            "text": "书架"
        },
        {
            "pagePath": "pages/personal/personal",
            "iconPath": "static/images/tab/personal.png",
            "selectedIconPath": "static/images/tab/selected_personal.png",
            "text": "我的"
        }
    ]
}
```

书城小程序 tabBar 如图 10-26 所示。

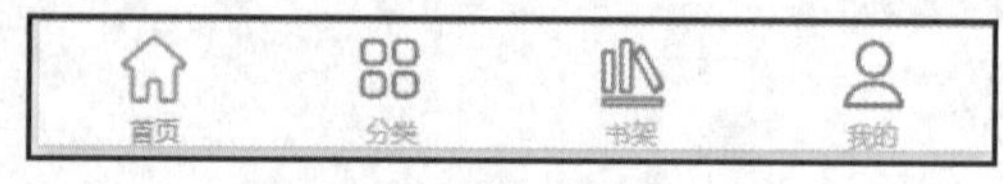

图 10-26　书城小程序 tabBar

10.4.3　任务 2—— 书城首页的实现

要求：

（1）添加轮播图。

（2）添加热门推荐列表。

设计思路：

（1）轮播图通过 swiper 组件实现。

（2）热门推荐列表可以通过列表渲染完成。

第一步：创建 pages/index/index.vue，根据要求编写页面结构，具体代码如下。

```
<template>
  <view>
    <!-- #ifdef H5 -->
    <view class="nav">
      <view class="search-box">
        <image class="search-icon" src="../../static/images/icon/search.png" mode=""></image>
        <input class="search" type="text" value="" placeholder="搜索" placeholder-style="color:#aaa"/>
      </view>
      <view class="nav-right">
        取消
      </view>
    </view>
    <!-- #endif -->
    <swiper class="swiper" indicator-color="#fff" indicator-active-color="#DAA520" :indicator-dots=
"true" :autoplay="true" :interval="3000" :duration="1000">
      <swiper-item   v-for="(item,index) in swiperPath">
        <view class="swiper-item" >
          <image mode="aspectFill" class="swiper-img" :src="item.src" ></image>
        </view>
```

```
        </swiper-item>
      </swiper>
      <view class="hot-box">
        <view class="hot-title">
          热门推荐
        </view>
        <view class="hot-list">
          <view class="item" v-for="item in list">
            <book :book="item"></book>
          </view>
        </view>
      </view>
    </view>

</template>

<script>
  import get from "../../utils/get.js";
  import book from "../../components/book.vue";
  export default {
    components:{
      book
    },
    created() {
      var url= "/book/getList.php";
      this.$request(url, {}).then(res => {
        this.list= res
      })
    },
    data() {
      return{
        swiperPath:[{
          src:"../../static/images/swiper/swiper1.jpg",
        },{
          src:"../../static/images/swiper/swiper2.jpg",
        },{
          src:"../../static/images/swiper/swiper3.jpg",
        }],
        list:[]
      }
    }
  }
</script>

<style scoped>
  /* #ifdef H5 */
  .nav{
    width: 100%;
```

```
    height: 50px;
    display: flex;
    align-items: center;
    justify-content: space-around;
    background-color: #DAA520;
    position: fixed;
    top:0;
    left: 0;
    z-index:2;
  }
  .search-box{
    width: 70%;
    margin:0 5%;
    position: relative;
  }
  .search-icon{
    width: 25px;
    height: 25px;
    margin: 2.5px;
    position: absolute;
    left: 5px;
  }
  .search{
    width: 85%;
    height: 30px;
    line-height: 30px;
    background-color: #fff;
    border-radius: 20px;
    font-size: 16px;
    padding-left:15%;
  }
  .nav-right{
    font-size: 18px;
    color:#444;
    margin:5px;
  }
  .swiper{
    margin-top:50px
  }
  /* #endif */
  .swiper{
    width: 100%;
    height: 120px;
  }
  .swiper-item{
    width: 100%;
    height: 120px;
  }
```

```
  .swiper-img{
    width: 100%;
    height: 120px;
  }
  .hot-title{
    font-size: 35px;
    font-weight: bold;
    font-family:"隶书";
    margin-top:10px;
    padding: 2px 10px;
    border-bottom:5px solid #DAA520;
  }
</style>
```

第二步：创建 components/book.vue，根据要求编写页面结构，具体代码如下。

```
<template>
  <view class="box" @click="handleClick(book.id)">
    <image :src="book.imgPath" mode=""></image>
    <view class="info-box">
      <view class="name">{{book.name}}</view>
      <view class="introduce">{{book.introduce}}</view>
      <view class="author">{{book.author}}</view>
    </view>
  </view>
</template>
<script>
  export default {
    props:['book'],
    methods:{
      handleClick(value){
        uni.navigateTo({
          url:"/pages/book/book?id="+value
        })
      }
    }
  }
</script>

<style scoped>
.box{
  margin:10px;
  padding-bottom:10px;
  display: flex;
  justify-content: space-around;
  border-bottom:1px solid #aaa;
  box-sizing: border-box;
}
image{
  width: 120px;
```

```
  height: 120px;
  flex-shrink:0;
}
.info-box{
  position: relative;
}
.introduce{
  width: 220px;
  line-height:20px;
  height:40px;
  display: -webkit-box;
  -webkit-line-clamp: 2;
  -webkit-box-orient: vertical;
  overflow: hidden;
  word-wrap: break-word;
  color: #999;
}
.name{
  font-size: 20px;
  font-weight: bold;
  margin: 5px 0;
}
.author{
  font-size: 16px;
  position:absolute;
  bottom: 0;
  left: 0;
}
</style>
```

书城首页执行效果如图 10-21 所示。

10.4.4 任务 3——分类页面的实现

要求：

页面展示分类列表。

设计思路：

（1）页面布局可通过 Flex 完成。

（2）页面展示各分类的名称、图片、标签等信息。

创建 pages/classify/classify.vue，根据要求编写页面结构，具体代码如下。

```
<template>
    <view class="box">
        <view class="item" v-for="item in list" @click="handle(item.title)">
            <view class="info">
                <view class="title">{{item.title}}</view>
                <view class="lab">{{item.label}}</view>
            </view>
```

```
                    <image :src="item.imgPath"></image>
                </view>
            </view>
</template>

<script>
        export default {
                data() {
                        return {
                                list:[{
                                        title:"青春",
                                        label:"校园爱情",
                                        imgPath:"./imgs/7559173c99988b77.jpg"
                                },{
                                        title:"小说",
                                        label:"世界名著",
                                        imgPath:"./imgs/4c76363feeffcd8a.jpg"
                                }//后续数据省略
                                ]
                        }
                },
                methods:{
                        handle(value){
                                uni.navigateTo({
                                        url: '/pages/list/list?title='+value,
                                });
                        }
                }
        }
</script>

<style scoped>
.box{
        display: flex;
        /* justify-content: space-around; */
        flex-wrap: wrap;
}
.item{
        width: 45%;
        background-color: #f8f8f8;
        margin:5px 2.5%;
        display: flex;
        justify-content: space-around;
}
image{
        width: 70px;
        height: 70px;
        margin:5px;
```

```
}
.title{
        margin:15px 0;
}
.lab{
        margin:15px 0;
        font-size: 14px;
        color: #aaa;
}
</style>
```

分类页面效果如图 10-22 所示。

10.4.5 任务 4——分类书籍列表页面

要求：用户点击分类页面中的某一分类后，页面可跳转至分类书籍列表页面，页面展示当前分类的书籍。

设计思路：此页面可复用任务 1 中的自定义组件。

创建 pages/list/list.vue，根据要求编写页面结构，具体代码如下。

```
<template>
  <view>
    <view v-for="item in list">
      <book :book="item"></book>
    </view>
  </view>
</template>
<script>
  import book from "../../components/book.vue"
  export default {
    onLoad(option) {
      uni.setNavigationBarTitle({
          title: option.title
      });
      var url= "/book/getList.php";
      this.$request(url, {}).then(res => {
        this.list=res
      })
    },
    components:{
      book
    },
    data() {
      return {
        list:[]
      }
    }
  }
</script>
```

10.4.6 任务 5——书籍详情页面

要求：

（1）点击首页热门列表或分类书籍列表页面可跳转至详情页。

（2）页面展示对应书籍详情。

（3）点击“添加到书架”按钮可实现添加到书架操作。

创建 pages/book/book.vue，根据要求编写页面结构，具体代码如下。

```
<template>
  <view class="box">
    <view class="book-info">
      <image :src="book.imgPath" mode=""></image>
      <view class="info">
        <view class="book-name">
          {{book.name}}
        </view>
        <view class="book-author">作者：{{book.author}}</view>
        <view class="add" @click="handleClick(book.id)">添加到书架</view>
      </view>

    </view>
    <view class="book-introduce">
      {{book.introduce}}
    </view>
  </view>
</template>
<script>
  import get from "../../utils/get.js"
  export default {
    onLoad(option) {
      var url= "/book/getBookInfo.php?id="+option.id;
      this.$request(url, {}).then(res => {
        this.book= res
      })
    },
    data() {
      return {
        book:{}
      }
    },
    methods: {
      handleClick(value){
        var url= "/book/addBook.php?id="+value;
        this.$request(url, {}).then(res => {
          uni.showToast({
            title:res,
```

```
                icon:"none"
              })
            })
          }
        }
      }
    </script>

    <style scoped>
    .box{
      background-color: #f6f6f6;
      width: 100vw;
      height: 110vh;
    }
    .book-info{
      background-color: #fff;
      display: flex;
      padding: 20px 10px;
    }
    image{
      width:200px;
      height: 200px;
    }
    .info{
      position: relative;
    }
    .book-name{
      font-size: 27px;
      font-weight: bold;
      margin:10px 0;
    }
    .book-author{
      font-size: 18px;
    }
    .add{
      position: absolute;
      bottom: 30px;
      color: #ee4000;
    }
    .book-introduce{
      font-size: 15px;
    }
    </style>
```

书籍详情页面如图 10-27 所示。

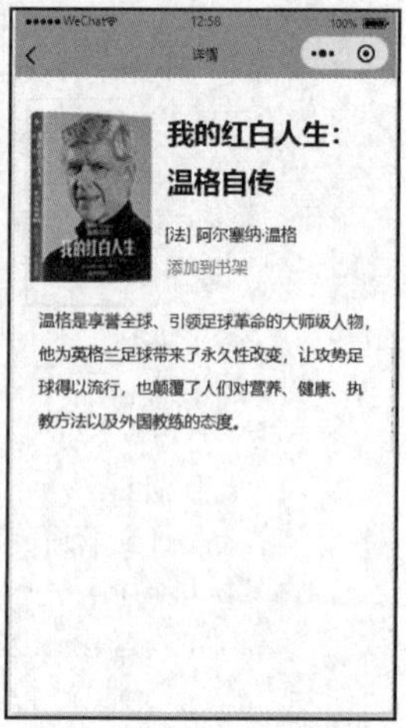

图 10-27　书籍详情页面

10.4.7 任务 6—— 书架页面展示已添加的书籍

要求：书架页面展示已添加的书籍。

创建 pages/bookshelf/bookshelf.vue，根据要求编写页面结构，具体代码如下。

```
<template>
  <view class="box">
    <view @click="handleClick" class="item" v-for="item in list" >
      <image mode="aspectFit" :src="item.imgPath" ></image>
      <view class="item-name">
        {{item.name}}
      </view>
    </view>
    <navigator url="/pages/classify/classify" open-type="switchTab" class="add-box">
      <view class="add" >添加书籍</view>
    </navigator>
  </view>
</template>
<script>
  export default {
    onShow() {
      var url= "/book/getBookshelf.php";
      this.$request(url, {}).then(res => {
        this.list= res
        console.log(this.list)
      })
    },
    data() {
      return {
        list:[]
      }
    },
    methods:{
      handleClick(){
        uni.navigateTo({
          url:"/pages/read/read"
        })
      }
    }
  }
</script>
<style scoped>
.box{
  display: flex;
  flex-wrap: wrap;
  padding:40px 10px;
}
```

```
.item{
  margin:1%;
  width: 31%;
}
image{
  width:30vw;
  height:30vw;
}
.item-name{
  text-align: center;
  margin:0 auto;
}
.add-box{
  margin:2% 5% 10% 5%;
  width: 23%;
  background-color: #eee;
  display: flex;
  justify-content: center;
  align-items: center;
}
.add{
  color: #007AFF;
}
</style>
```

书架页面如图 10-28 所示。

图 10-28　书架页面

10.4.8　任务 7——阅读页面

要求：

（1）用户点击书架中的书籍时，可跳转至阅读页面。

（2）阅读页面可展示书籍文本内容。

（3）实现用户下滑加载新的章节。

（4）点击屏幕弹出操作栏，实现用户自主调整页面亮度、颜色、文字大小。

创建 pages/read/read.vue，根据要求编写页面结构，具体代码如下。

```
<template>
  <view class="bg" :style="'background-color:'+bgColor+';color:'+fontColor">
    <scroll-view @click="handleClick" class="scroll" scroll-y="true" lower-threshold="100" @scrolltolower=
"loadMore">
      <view v-for="item in list">
        <text :style="'font-size:'+chapterSize+'px'" class="chapter">{{item.chapter}}</text><br />
        <text :style="'font-size:'+contentSize+'px'">{{item.content}}</text>
      </view>
    </scroll-view>
    <view class="model" v-show="show">
      <view class="box">
        <view style="flex:1;text-align: center;">字体大小：</view>
```

```
            <view style="display: flex;flex:2">
              <button class="btn" @click="changeFont('-')">-</button>
              <button class="btn" @click="changeFont('+')">+</button>
            </view>
          </view>
          <view class="box">
            <view style="flex:1;text-align: center;">主题：</view>
            <view style="display: flex;flex:3;justify-content: space-around;">
              <view class="color-btn" @click="changeColor('black')" style="background-color: #666;">
</view>
              <view class="color-btn" @click="changeColor('yellow')" style="background-color: #FFDEAD;">
</view>
            </view>
          </view>
          <!-- #ifndef H5 -->
          <view class="box">
            <view style="flex:1;text-align: center;">亮度：</view>
            <slider style="flex:3" :value="screenBrightness*100" @change="sliderChange" />
          </view>
          <!-- #endif -->
        </view>
      </view>
    </template>
    <script>
      export default {
        onLoad() {
          uni.setNavigationBarTitle({
            title: "福尔摩斯侦探集"
          })
          // #ifndef H5
          uni.getScreenBrightness({
            success: (res) => {
              this.screenBrightness = res.value
            }
          })
          // #endif
        },
        created() {
          this.getBook(this.index);
        },
        data() {
          return {
            contentSize: 23,
            chapterSize: 28,
            bgColor:"#FFDEAD",
            fontColor:"#000",
            show: false,
            index: 1,
```

```
        list: [],
        // #ifndef H5
        screenBrightness: 0,
        // #endif
      }
    },
    methods: {
      changeColor(value){
        switch (value){
          case "yellow":
          this.bgColor="#FFDEAD";
          this.fontColor="#000";
          break;
          case "black":
          this.bgColor="#666";
          this.fontColor="#ccc";
          break;
          default:
          break;
        }
      },
      changeFont(value) {
        if (value == "-") {
          if (this.contentSize > 12) {
            this.contentSize = this.contentSize - 2
            this.chapterSize = this.chapterSize - 2
          }
        } else {
          if (this.contentSize < 38) {
            this.contentSize = this.contentSize + 2
            this.chapterSize = this.chapterSize + 2
          }
        }
      },
      // #ifndef H5
      sliderChange(e) {
        this.screenBrightness = e.detail.value / 100
        uni.setScreenBrightness({
          value: this.screenBrightness,
          success: (res) => {
            console.log(res)
          }
        })
      },
      // #endif
      handleClick() {
        this.show = !this.show
      },
```

```
      getBook(id) {
        var url= "/book/getBook.php?id="+id;
        this.$request(url, {}).then(res => {
          var chapter = res.chapter.replace(/\s/, " ").replace(/\n/, " ")
          var content = res.content.replace(/\s/, " ").replace(/\n/, " ")
          var item = {
            chapter,
            content
          }
          this.list.push(item)
        })
      },
      loadMore() {
        this.index++;
        this.getBook(this.index);
      }
    }
  }
</script>
//后续样式代码省略，参见案例代码
```

阅读页面如图 10-29 所示。

图 10-29　阅读页面

10.4.9　任务 8——个人页面

要求：

（1）可展示用户头像、姓名。

（2）可展示个人界面功能列表。

创建 pages/personal/personal.vue，根据要求编写页面结构，具体代码如下。

```
<template>
  <view class="box">
    <view class="user-info">
      <image class="user-img" mode="aspectFill" src="../static/images/714e8bcc4a9df1.png"></image>
      <view>王刚</view>
    </view>
    <view class="list">
      <view class="item">
        <view>我的会员</view>
        <view><image class="icon" src="../../static/images/icon/icon.png" mode=""></image></view>
      </view>
      <view class="item">
        <view>我的金币</view>
        <view><image class="icon" src="../../static/images/icon/icon.png" mode=""></image></view>
      </view>
      <view class="item">
        <view>看过的书籍</view>
        <view><image class="icon" src="../../static/images/icon/icon.png" mode=""></image></view>
      </view>
```

```
        <view class="item">
          <view>意见反馈</view>
          <view><image class="icon" src="../../static/images/icon/icon.png" mode=""></image></view>
        </view>
      </view>
    </view>
</template>

<script>
  export default {
    data() {
      return {

      }
    },
    methods: {

    }
  }
</script>
//后续样式代码省略，请参加案例代码
```

个人页面效果如图 10-30 所示。

图 10-30 个人页面

10.5 小 结

本章完成了书城小程序的制作，首先介绍了要完成本案例的知识，包括 uni-app 框架基础、uni-app 常用 API 等，然后通过一些示例演示了 uni-app 的基本使用方法，最后对书城小程序进行了分析与设计，把整个任务分解成了创建项目并配置导航栏、书城首页实现、分类页面实现、分类书籍列表页面等 8 个子任务，并依次实现了这 8 个子任务。通过学习这些内容，读者可以掌握 uni-app 的使用，实现跨平台开发。

10.6 课后习题

一、选择题

1. uni-app 是基于通用的前端技术栈，采用（ ）语法和微信小程序 API 的前端框架。

   A. React　　B. HTML　　C. Vue　　D. Angular

2. 每个.vue 文件包含 3 种类型的顶级语言块,下列不属于顶级语言块的是（ ）。

   A. <template>　　B. <script>　　C. <style>　　D. <html>

3. uni-app 不推荐使用 HTML 的标签，如果开发者写了<div>等标签，在编译为微信小程序时也会被编译器转换为（ ）标签，类似的还有<span>转<text>、<a>转<navigator>等。

   A. <text>　　B. <view>　　C. <navigator>　　D. <section>

4. 根节点<template>下（ ）根<view>组件。

A. 只能且必须有一个　　B. 可以没有
C. 至少一个　　D. 以上都不对

5. beforeMount 属于（　　）
A. 组件生命周期　　B. 页面生命周期
C. 应用生命周期　　D. 小程序生命周期

二、判断题

1. uni-app 通过条件编译+平台特有 API 调用，可以优雅地为某平台编写个性化代码，调用专有能力而不影响其他平台。（　　）
2. uni-app 项目目录结构中 App.vue 是项目入口文件。（　　）
3. uni-app 接口能力（JS API）靠近微信小程序规范，前缀为 wx。（　　）
4. 用来返回上一页面的方法是 uni.navigateTo()。（　　）
5. uni-app 项目中用于指定应用的名称、图标、权限等配置的文件是 package.json。（　　）
6. 在一个.vue 文件中，<template>和<script>语言块至多只能包含一个。（　　）

三、简答题

1. 请简述 uni-app 的特点。
2. 已有代码如下，请补充代码①和②，使得点击按钮时可以跳转至另一页面。

```
<template>
  <view class="content">
    <image class="logo" src="/static/logo.png"></image>
    <view class="text-area">
      <button    ①    >跳转页面</button>
    </view>
  </view>
</template>
<script>
  export default {
    methods: {
      toOther() {
          ②   ({
          url:'/pages/other/other?id=1&name=ccit'
        })
      }
    }
  }
</script>
```